Xavier Landes

LA GÉOINGÉNIERIE

Que sais-je?

À lire également en
Que sais-je ?

COLLECTION FONDÉE PAR PAUL ANGOULVENT

Jacqueline Morand-Deviller, *Le Droit de l'environnement*, n° 2334.
Jacques Vernier, *Les Énergies renouvelables*, n° 3240.
William Dab, *Santé et environnement*, n° 3771.
Pierre Lascoumes, *Action publique et environnement*, n° 3968.
Michel Magny, *L'Anthropocène*, n° 4209.

ISBN 978-2-7154-2455-5
ISSN 0768-0066

Dépôt légal – 1re édition : 2024, octobre

170 *bis*, boulevard du Montparnasse, 75014 Paris

Introduction

Les constats et projections pessimistes s'amoncellent. L'humanité peine à baisser les émissions de gaz à effet de serre (GES[1]) qui poursuivent leur accumulation dans l'atmosphère. À l'instar du méthane (CH_4) et du protoxyde d'azote (N_2O), certains possèdent une durée de vie relativement courte, de l'ordre de plusieurs décennies. En revanche, d'autres, tel le dioxyde de carbone (CO_2), qui est le GES le plus répandu après la vapeur d'eau (H_2O), persistent pendant des centaines, voire des milliers d'années. L'absence de réduction draconienne des émissions pourrait conduire d'ici 10 à 15 ans au franchissement du plafond de 2 °C, établi par l'accord de Paris (2015), de hausse des températures moyennes globales en comparaison de la période préindustrielle. En 2024, le réchauffement avait atteint près de 1 °C, avec des estimations hautes qui montent jusqu'à 1,7 °C. Le Groupe d'experts intergouvernemental sur l'évolution du climat (GIEC) considère que les mesures de mitigation, c'est-à-dire de diminution des émissions, déjà mises en œuvre placent le réchauffement sur une trajectoire supérieure à 3 °C. Même si tous les engagements pris par les États (les contributions déterminées au niveau national) étaient tenus, le dépassement du plafond pourrait représenter au moins 0,5 °C.

1. Vous trouverez une liste d'acronymes page 123.

Les propositions se multiplient donc pour altérer le climat par l'extraction du dioxyde de carbone (EDC[1]) et la gestion du rayonnement solaire (GRS[2]). Le projet est tout sauf utopique. L'éclaircissement des surfaces urbaines, la reforestation, ou encore la capture et la séquestration du carbone (CSC) sont déjà mis en œuvre à différents degrés. La bioénergie avec capture et stockage du carbone (BECSC) occupe une place centrale dans les scénarios qui respectent le plafond de 2 °C. D'autres méthodes font l'objet de recherche et de modélisation, débouchant parfois sur des expériences modestes plus ou moins légales par exemple de fertilisation océanique dans le Pacifique ou d'injection d'aérosols dans la stratosphère (IAS) au Mexique. Cette dernière technologie, controversée, attire des investissements croissants de la part d'universités comme Harvard et de donateurs privés en raison de ses promesses de rapidité de déploiement, de faible coût et d'efficacité.

En dépit d'une littérature qui ne cesse de s'étoffer, la *géoingénierie*, ou *ingénierie du climat*, demeure un thème inaudible dans l'espace public. Les rares enquêtes d'opinion révèlent des connaissances limitées, voire inexistantes, parmi les populations. Les décideurs politiques débattent peu voire pas du sujet, donnant le sentiment que les scientifiques sont livrés à eux-mêmes. L'apparent vide de régulation a favorisé ce que Anita Talberg et ses coauteurs qualifient de « gouvernance par défaut ». La recherche est soumise de manière indirecte et marginale à des textes internationaux destinés à

1. En anglais, *carbon dioxide removal.*
2. En anglais, *solar radiation management.*

d'autres emplois, telle la Convention de Londres sur la prévention de la pollution des mers résultant de l'immersion de déchets (1972) et son protocole (1996) ou la Convention ENMOD sur l'interdiction d'utiliser des techniques de modification de l'environnement à des fins militaires ou toutes autres fins hostiles (1976). Les principales initiatives de régulation sont donc élaborées par les scientifiques eux-mêmes, à l'image des principes d'Oxford.

L'ambition de ce Que sais-je ? est d'introduire aux défis de la géoingénierie. Le sujet ne se limite pas à des savoirs techniques, mais revêt des dimensions sociales et morales sur lesquelles doit porter un débat public informé. Par conséquent, la question doit être sortie de la sphère scientifique pour devenir un objet politique. Le cadre flou de gouvernance est un problème que les États et la communauté internationale doivent régler au plus vite. De plus, l'essor incontrôlé de certaines méthodes pourrait se révéler catastrophique, notamment pour les générations futures et l'environnement. Mais avant d'aborder ces questions, l'ingénierie du climat doit être située sous l'horizon plus large de l'Anthropocène.

I. – L'Anthropocène

Constitué du préfixe « anthropo » (être humain) et du suffixe « cène » (temps récent), l'Anthropocène désigne l'époque actuelle durant laquelle l'humanité s'est progressivement muée en force géologique majeure, modifiant la géographie, la composition biochimique des sols, des océans, de l'air ainsi que le climat. Le concept ne fait pas l'unanimité parmi les géologues à cause de la difficulté à identifier un commencement clair et global dans les couches sédimentaires (point stratotypique mondial). Le résultat est une suite de débats sophistiqués portant sur le début et la pertinence de l'Anthropocène en tant que *concept géologique*.

Nonobstant ces controverses, l'Anthropocène a le mérite de mettre en exergue l'influence anthropique sur la Terre. Divers débuts en ont été offerts, compilés par Simon Lewis et Mark Maslin. Au plus tôt, il pourrait être daté des extinctions de la mégafaune qui se sont étendues de 10 000 à 50 000 ans avant le présent (AP). Des points plus récents ont été proposés. Parmi ces derniers figurent la révolution néolithique (12 000 ans AP), le bond des concentrations de CO_2 et CH_4 dû à l'expansion de l'agriculture (hypothèse de l'Anthropocène précoce, 5 000 ans AP), ou encore l'effondrement du CO_2 atmosphérique à cause de la dépopulation et de la reforestation du continent américain (*Orbis Spike*, 1610). La révolution industrielle à l'orée du 19e siècle ou la grande accélération de l'après 1945 constituent d'autres options.

Les traces d'influence anthropique vieilles de plusieurs centaines, voire des milliers d'années, permettent donc de replacer le projet de modification intentionnelle du climat dans un horizon temporel profond. Depuis la fin de la dernière période glaciaire (11 700 ans AP), *Homo sapiens* n'a cessé d'altérer l'environnement et le climat. De ce point de vue, la géoingénierie ne représente pas une rupture radicale. Elle s'inscrit dans une tendance longue débutée par l'expansion des communautés humaines à la surface du globe à la suite de conditions climatiques plus clémentes.

Le principe de la géoingénierie n'en devient pas plus acceptable. L'Anthropocène permet de prendre la mesure de la persistance de l'influence anthropique. Toutefois, la géoingénierie se distingue de cette histoire par son caractère volontaire, visible dans la définition canonique proposée par un rapport de la Royal Society[1] c'est-à-dire une « manipulation délibérée et à grande échelle de l'environnement planétaire afin de contrecarrer le changement climatique anthropique[2] ». La géoingénierie trace une démarcation en apparence nette entre l'« Anthropocène accidentel » (Lewis et Maslin, 2018) et le « changement climatique intentionnel » (Jamieson, 1996).

II. – L'emballement du climat

Si la géoingénierie émerge en tant que sujet scientifique pertinent et comme instrument potentiel des politiques publiques, la raison de son émergence réside dans l'emballement du climat. La difficile coopération entre États sous l'égide de la Convention-cadre des Nations unies sur les changements climatiques (CCNUCC), signée en 1992 lors de la conférence de Rio, nourrit le pessimisme. Un signe parmi d'autres : des compagnies pétrolières tels BP et Shell tablent sur un réchauffement de l'ordre de 5 °C à l'horizon 2100, deux fois et demie le plafond fixé par l'accord de Paris. Les promesses nationales de mitigation demeurent trop modestes.

1. J. Shepherd *et alii*, *Geoengineering the Climate : Science, Governance and Uncertainty*, Londres, Royal Society, 2009, p. 1.
2. En anglais, « *deliberate large-scale manipulation of the planetary environment to conteract anthropogenic climate change* ».

Ce manque d'ambition est renforcé par les dissensions entre États quant à la répartition du fardeau des risques climatiques et de la transition énergétique. Des pays du Sud, Chine et Inde en tête, sont réticents à abaisser leurs émissions alors que les pays occidentaux ont abondamment pollué depuis près de deux siècles. La responsabilité historique de ces derniers, aggravée par le passif colonial, affaiblirait leur légitimité à exiger du reste de la planète de renoncer à des énergies fossiles bon marché. *A contrario*, ils auraient le devoir moral de soutenir les nations les plus défavorisées dans leur transition verte par des transferts financiers et technologiques.

En soi, la décarbonisation est une tâche longue, ardue et coûteuse. Les infrastructures énergétiques basées sur le charbon, le gaz naturel ou le pétrole, existantes et en projet, seraient incompatibles avec le respect de l'accord de Paris. Elles enfermeraient les économies dans un usage indéfini du carbone (*carbon lock-in*), créant un sentier de dépendance (*path dependence*) duquel l'humanité ne pourrait pas s'extirper dans les décennies à venir. En outre, la décarbonisation totale de secteurs comme le transport aérien ou la production de ciment apparaît hors de portée d'ici 2050, horizon pour la neutralité carbone pour de nombreux pays, notamment l'Union européenne. L'EDC permettrait alors de réduire ou compenser pour ces émissions résiduelles afin d'atteindre un solde net neutre (quantité de CO_2 captée = quantité émise) ou négatif (quantité captée > émise) en dépit du verrouillage carbone. Divers acteurs et institutions de premier plan dans la lutte contre le changement climatique anticipent d'ores et déjà l'expansion de ces techniques. Dès 2007, le GIEC incorporait l'EDC dans la majorité des scénarios respectant l'objectif de 2 °C. Les deux méthodes les plus prisées sont la foresterie (reforestation, afforestation et interruption de la déforestation) et la BECSC, avec un intérêt croissant pour la capture directe dans l'air et séquestration (CDAS).

Face à l'emballement du climat, les techniques de GRS portent d'autres espoirs. Certaines soutiennent l'adaptation. L'éclaircissement de surfaces telles que les toitures, trottoirs et chaussées est déjà mis en œuvre dans des mégapoles comme Los Angeles ou New York. Il permet de modérer l'effet d'îlot de chaleur urbain, qui est l'accumulation thermique dans les zones bâties rendant les villes plus chaudes que les campagnes environnantes. Néanmoins, les mesures phares de la GRS – l'IAS et l'éclaircissement des nuages marins – offrent d'autres opportunités ainsi que des dangers d'une magnitude supérieure. Elles constituent des initiatives provisoires, pouvant tout de même s'étaler sur plusieurs décennies, voire siècles en cas d'enfermement dans le déploiement (*deployment lock-in*). Elles pourraient toutefois permettre d'éviter des catastrophes comme les canicules meurtrières ou de gagner du temps afin de développer des énergies décarbonées ou l'extraction du carbone.

Ce type de GRS représente une forme d'assurance contre le risque de franchir des points de basculement du climat tels le dégel massif du permafrost arctique, la dégradation de l'inlandsis Ouest-Antarctique ou le dépérissement des forêts tropicales. Le dépassement de ces points initierait des boucles de rétroaction positive redoutées par les scientifiques. Par exemple, de larges quantités de CO_2 et de CH_4 pourraient être rejetées, ce qui aggraverait rapidement le réchauffement et diverses tragédies (sécheresses, inondations, tempêtes), indépendamment d'émissions humaines additionnelles.

Dénommé fossé de mitigation (*mitigation gap*), le retard pris dans la réduction des émissions de GES, essentielle pour prévenir de tels désastres, constitue un argument en faveur de la géoingénierie. Celle-ci serait indispensable afin d'abaisser les émissions et concentrations de GES ou d'empêcher une catastrophe imminente. Le risque d'un emballement résulte toutefois de la poursuite des émissions de GES à leur rythme actuel. Même si la fenêtre d'opportunité pour éviter un climat dangereux et le recours à la géoingénierie se rétrécit d'année en année, celle-ci reste ouverte, une décarbonisation massive et rapide étant encore réalisable.

Ce Que sais-je ? offre une introduction aux techniques de modification du climat qui se veut accessible, ne nécessitant aucune connaissance scientifique préalable. Le but est de donner aux lecteurs et aux lectrices les clefs pour comprendre les principales technologies ainsi que leurs enjeux. Le premier chapitre porte sur des questions conceptuelles et définitionnelles. À cette occasion seront exposées les raisons de préférer la dénomination « ingénieries du climat » au détriment de « géoingénierie ». Le deuxième chapitre présente les méthodes d'EDC dont certaines occupent déjà un rôle central dans les scénarios et les modèles. Le troisième est consacré à la GRS, qui vise à améliorer la réflectivité des surfaces, à petite ou grande échelle, pour réduire le forçage radiatif et, *in fine*, les températures. Le quatrième passe en revue les principales craintes, risques et incertitudes associés à l'ingénierie du climat. Le dernier chapitre est consacré aux enjeux de justice, lesquels soulignent l'urgence d'une gouvernance.

CHAPITRE PREMIER

Les ingénieries du climat

Ce chapitre s'ouvre sur une brève analyse des trois critères formulés par la Royal Society : l'intentionnalité consubstantielle au projet de modifier le climat, l'ampleur des moyens qui pourraient être mobilisés et l'objectif de neutralisation du changement climatique. S'ensuit une discussion critique du terme de « géoingénierie », qui se clôt sur la proposition d'y substituer « ingénierie du climat ». La dernière section défend le recours au pluriel, « ingénieries du climat », afin de refléter les différences au sein ainsi qu'entre l'EDC et la GRS.

I. – Les critères de la Royal Society

En 2009, la Royal Society a formulé une définition, reprise depuis avec des modifications mineures dans la plupart des études sur le sujet : la « manipulation délibérée à grande échelle de l'environnement planétaire destinée à contrecarrer le changement climatique d'origine anthropique ». Elle se fonde sur trois piliers : le caractère volontaire de la géoingénierie, l'ampleur des interventions et la neutralisation partielle ou totale du changement climatique d'origine humaine.

1. **Intentionnalité.** – La référence à l'intentionnalité de la manipulation remplit deux fonctions.

Tout d'abord, elle permet d'opérer une distinction descriptive entre Anthropocène accidentel et changement délibéré. Le premier ne serait que la conséquence, regrettable, du recours aux énergies fossiles à des fins de progrès socioéconomique tandis que le second résulterait d'un projet plus ou moins mûrement réfléchi de modification du climat. Ensuite, elle porte une dimension morale. Les architectes de toute entreprise de géoingénierie seraient d'autant plus comptables des ravages climatiques que ceux-ci seraient causés par une altération *volontaire* du climat.

En général, les motivations jouent un rôle central dans le degré de responsabilité individuelle ou collective. Par exemple, le droit criminel établit une distinction entre homicides involontaire et volontaire puis, à l'intérieur de cette dernière catégorie, entre meurtre et assassinat en fonction de la présence d'une préméditation. Les intentions ne modulent pas seulement la responsabilité pénale, mais également le jugement moral. L'homicide volontaire est vu comme pire ou plus répréhensible qu'un acte involontaire. De la même manière, la géoingénierie serait plus critiquable que la simple émission de GES.

D'un point de vue descriptif, la distinction peut être affadie. S'il est vrai que la géoingénierie se caractérise par le projet *délibéré* de manipuler le climat, il est difficile de faire de l'Anthropocène le contraire, c'est-à-dire un pur accident. Tout d'abord, l'effet de serre est connu depuis les travaux d'Eunice Foote (1856) puis ceux de Svante Arrhenius (1896). Par la suite, la possibilité que les émissions de GES puissent augmenter les températures et ainsi retarder la prochaine période glaciaire est discutée dans les publications scientifiques. En 1965, un rapport sur le réchauffement d'origine anthropique est remis au président américain Lyndon Johnson, document qui mentionne également la géoingénierie. En dépit de l'accumulation des preuves, l'usage des énergies fossiles s'est accéléré. Plus de la moitié de la quantité de GES d'origine humaine présente dans l'atmosphère a été libérée après 1970.

Certes, être conscient de l'existence de l'effet de serre et le désirer sont deux attitudes distinctes. Le contraste strict et imperméable entre changements accidentel et délibéré n'en demeure pas moins un leurre. Depuis la révolution industrielle, l'humanité s'est engagée dans une expérience de manipulation du climat, dont elle s'est refusée à reconnaître la réalité, puis à en infléchir le cours. L'usage des énergies fossiles n'a pas été abandonné. Dès lors, si celui-ci n'a pas été choisi dans le but de modifier le climat, son maintien constitue malgré tout une décision intentionnelle. La géoingénierie n'en devient pas plus acceptable, mais elle peut difficilement être présentée comme une « révolution copernicienne », selon les termes de Simon Donner, qui marquerait une expérimentation planétaire délibérée *sans precedent*.

Du point de vue moral, l'érosion de la distinction empirique sape toute prohibition absolue. Cela ne signifie pas que l'altération du climat devrait être permise sans discussion. L'implication est que le refus de la géoingénierie ne peut pas se limiter à invoquer sa prétendue exceptionnalité ou le fait qu'elle causerait une rupture avec l'Anthropocène. D'autres critères, telle la nature inacceptable des risques que certaines méthodes font courir aux populations humaines, animales ainsi qu'aux écosystèmes, constituent des objections plus solides.

2. **Ampleur.** – Le second trait tient à l'ampleur de l'altération caractérisée comme de grande échelle (*large scale*). Une interprétation répandue, conforme à la formulation de la Royal Society (*planetary environment*) est de considérer que la géoingénierie est, par définition, *globale*, c'est-à-dire menée au niveau planétaire pour modifier l'ensemble du climat. Cependant, elle peut être « douce » ou ciblée, conduite régionalement ou localement, avec un impact limité. En guise d'illustration, le renforcement de l'albédo (réflectivité) des surfaces urbaines permet d'atténuer la chaleur dans des espaces circonscrits (rues, quartiers). Des interventions peuvent aussi s'atteler à protéger la cryosphère (glaciers, banquise, permafrost) de certaines zones, à l'instar de l'*Arctic Ice Projet* ou du programme de l'université de Cambridge *Refreeze the Arctic*. Enfin, le projet *Marine Cloud Brightening for the Great Barrier Reef* vise à préserver la Grande Barrière de corail, au nord-est de l'Australie.

Encadré 1. – **Albédo**

L'albédo caractérise la portion du rayonnement solaire renvoyé par une surface. 1 représente une réflectivité parfaite et 0 une absorption totale (cf. tableau 1). Les masses sombres comme les océans, le béton ou les canopées ont un albédo inférieur à celui d'objets plus clairs tels les nuages, les prairies, la neige ou la glace. L'effet d'albédo réduit donc l'énergie emmagasinée par la Terre. Crucial dans les zones polaires, il contribue à réguler les températures mondiales. Le changement climatique menace cet effet en accélérant la fonte des glaciers, des banquises et du manteau de glace, obscurcissant de vastes surfaces. Ceci explique pourquoi de nombreux projets de GRS ont pour ambition de protéger ou de reconstituer localement la cryosphère, surtout en Arctique et Antarctique.

Tableau 1. – **Albédo moyen de différentes surfaces**[1]

Surface	Albédo
Eau	0,06-0,10
Forêts	0,07-0,18
Plaines, cultures	0,18-0,25
Cirrus	0,4-0,5
Stratocumulus	0,6
Neige fraîche	0,8-0,9
Cumulonimbus	0,9

Outre son inexactitude, faire de la géoingénierie une entreprise par définition planétaire alimente la crainte que l'humanité s'enferme dans une expérience incontrôlable. Si une telle crainte est légitime, nombre de méthodes peuvent néanmoins être modulées en fonction de besoins locaux ou régionaux. Appréhender la géoingénierie au travers du seul prisme de ses projets les plus ambitieux, même s'il s'agit des plus significatifs, ignore d'autres emplois plus modestes.

3. **Neutralisation.** – Selon le dernier critère, la géoingénierie s'emploie à « contrecarrer le changement

1. R.G. Barry, R.J. Chorley, *Atmosphere, Weather and Climate*, Londres et New York, Routledge, 2010 (9e éd.), p. 49.

climatique d'origine anthropique ». Il n'est pas question de contrer l'évolution naturelle du climat, mais de s'attaquer aux transformations d'origine humaine. En outre, la définition exclut les interventions mues par des motifs qui ne sont pas liés au changement climatique. La précision est d'importance au vu des tentatives passées pour modifier le climat à des fins militaires à l'instar de l'opération Popeye pendant la guerre du Vietnam. Entre 1967 et 1972, l'*US Air Force* ensemença les nuages au-dessus du Laos et du Cambodge avec de l'iodure de plomb et d'argent. Le but était de provoquer des pluies torrentielles afin de perturber la piste Hô Chi Minh, voie d'approvisionnement du Front national de libération du Sud Vietnam. D'ailleurs, l'intention de la Convention ENMOD, un des rares textes de droit international qui peut s'appliquer à la géoingénierie, est de prévenir toute militarisation des techniques de modification du climat. Par conséquent, pour être qualifiée d'entreprise *légitime*, une méthode doit se limiter à contrecarrer le changement climatique d'origine humaine en s'attaquant soit à la cause (émissions et concentration des GES dans l'atmosphère) soit aux effets (réchauffement).

L'emploi de « contrecarrer » (*counteract*) peut donner lieu à diverses interprétations. La géoingénierie peut être conçue dans le but d'inverser le changement climatique depuis le commencement de l'Anthropocène. Dès lors, la question du point de départ se pose à nouveau : s'agit-il de revenir aux conditions climatiques qui prévalaient à la fin du 18e siècle, il y a 5 000 ou 10 000 ans ? Les textes internationaux articulent un but plus modeste qui ne vise pas à annuler l'Anthropocène. Dans son article 2, la CCNUCC enjoint aux gouvernements de maintenir « les concentrations de gaz à effet de serre dans l'atmosphère à un niveau qui *empêche toute perturbation anthropique dangereuse du système climatique*[1] ». En dépit du caractère vague de l'injonction, il ne s'agit pas de retourner à la situation qui prévalait à la fin du 18e siècle. L'accord de Paris formule un objectif plus précis qui est de « réduir(e) sensiblement les risques et les effets des changements climatiques » en limitant le réchauffement à moins de 2 °C, préférablement 1,5 °C, par rapport à la période préindustrielle (article 2.1.a). Ce but doit être poursuivi dans le respect de contraintes supplémentaires, posées par la CCNUCC et réaffirmées par l'accord de Paris : l'« accès équitable au développement durable et à l'élimination de la pauvreté », « la sécurité alimentaire », « une transition juste pour la population active et [...] la création d'emplois décents et de qualité », ou « l'intégrité de tous les écosystèmes ». En d'autres termes, la neutralisation totale ou partielle du changement climatique ne constitue pas un objectif absolu, s'imposant à toute autre considération morale. En bref, la CCNUCC et l'accord de Paris octroient à la géoingénierie une mission plutôt modeste à l'échelle de l'Anthropocène.

II. – Des questions de terminologie

Au cours des pages précédentes, la dénomination la plus courante – géoingénierie – a été utilisée. Celle-ci est cependant critiquée pour deux raisons. D'une

1. Italique ajouté par l'auteur.

part, elle constituerait une représentation tronquée de la nature des ingénieries du climat. D'autre part, elle manifesterait des présupposés contestables ainsi qu'une arrogance démesurée. À celles-ci s'ajoute une troisième critique remettant en cause le recours à un label général, englobant à la fois l'EDC et GRS.

Tout d'abord, le préfixe « géo » serait trop large, sa racine grecque renvoyant à la Terre dans son ensemble ainsi qu'à sa géologie. Le terme « géo-ingénierie » peut d'ailleurs être utilisé, notamment en anglais (*geoengineering*), pour désigner le modelage de l'environnement géophysique terrestre ou d'une planète (terraformation). La référence de la Royal Society à une manipulation de l'*environnement planétaire* entretient la confusion. De même, le suffixe « ingénierie » est critiqué, car il allude à un degré irréaliste de contrôle et de prédictibilité du climat. Pour cette raison, le Conseil national de la recherche des États-Unis[1] préfère employer l'expression plus neutre d'« intervention climatique » (*climate intervention*).

Ensuite, ces réticences traduisent des préoccupations morales à l'encontre du projet délirant de réguler ce que Mike Hulme qualifie de « thermostat global ». L'objection est que l'humanité céderait à ce que les anciens Grecs nommaient l'*hubris*, qui désigne l'arrogance d'êtres humains prétendant s'élever au-dessus de la place qui leur a été attribuée par les dieux. Le philosophe australien Clive Hamilton articule un reproche similaire quand il caractérise l'entreprise de « prométhéenne ». Le recours au terme de *géoingénierie* conforterait l'humanité dans une attitude s'apparentant

1. En anglais, *United States National Research Council.*

à de la mégalomanie en supposant que le climat puisse être contrôlé. *In fine*, il s'agit d'une critique moins sémantique que de fond à l'égard de la modification du climat en soi.

Ce Que sais-je ? adopte la dénomination d'*ingénierie(s) du climat* pour plusieurs raisons. En renonçant au préfixe « géo », toute confusion est évitée avec d'autres domaines visant à modeler les propriétés géophysiques de la Terre. En outre, l'EDC et la GRS relèvent bel et bien de mesures d'ingénierie, entendue comme la mise en œuvre de principes et connaissances issus des sciences afin d'apporter des solutions concrètes à des problèmes auxquels l'humanité est confrontée. Que l'ingénierie du climat puisse être mue par l'hubris ou, pire, des intentions criminelles est indéniable, mais cela n'implique pas que toutes les interventions le sont *forcément*.

La troisième objection est que l'emploi d'un terme générique tel géoingénierie ou ingénierie du climat occulte des différences fondamentales entre méthodes. En guise d'illustration, le Conseil national de la recherche des États-Unis a publié en 2015 deux rapports, l'un dédié à l'EDC, l'autre à la GRS, afin de séparer les catégories, tant sur le plan conceptuel que pratique. Deux arguments sont d'habitude invoqués pour justifier la division.

En premier lieu, les deux types d'interventions seraient trop dissemblables tant dans leurs procédures que dans leurs conséquences pour être rassemblées sous une étiquette unique. Capturer le CO_2 depuis une centrale brûlant de la biomasse ou depuis l'air ambiant ne présenterait pas des défis techniques, des risques et des bénéfices comparables à ceux liés à l'IAS ou au placement de miroirs en orbite. De plus, si l'EDC s'attaque bien à la cause du changement climatique au travers d'une réduction des émissions ou des concentrations de GES, la GRS ne traite que l'un des symptômes, le réchauffement, sans impacter d'autres variables telle l'acidification des océans. Nombre d'experts, parmi lesquels des figures de premier plan comme David Keith, soulignent qu'il faut prendre au sérieux la pluralité des interventions, surtout lorsqu'il est question de taxonomie. Par exemple, Clare Heyward propose de ranger les actions climatiques dans cinq catégories distinctes : mitigation, EDC, GRS, adaptation et rectification.

Bien que ces différences ne doivent pas être négligées, les deux méthodes partagent néanmoins une finalité commune qui est d'atténuer le forçage radiatif (solde d'énergie reçue par la Terre) afin de contrer le changement climatique. L'une s'y attelle en abaissant des concentrations de GES, l'autre en réfléchissant une partie du rayonnement solaire. *In fine*, les deux poursuivent la même finalité : une réduction de la balance énergétique, de manière permanente (EDC) ou temporaire (GRS). De ce point de vue, les qualifier d'*ingénieries du climat*, d'une part, n'est pas erroné et, d'autre part, n'impose pas d'assimiler l'une à l'autre.

Un second argument, stratégique, est avancé pour séparer les deux méthodes. Il se déploie en plusieurs étapes. Tout d'abord, il insiste sur les perceptions négatives et les graves problèmes éthiques (en matière de justice distributive, procédurale ou de risques) engendrés par les interventions de GRS, notamment l'injection de particules de sulfure dans la stratosphère (la forme principale d'IAS). Il se poursuit en soulignant les conséquences désastreuses d'un rejet en bloc par les populations des technologies d'EDC sur la seule base de leur assimilation avec la GRS. Le caractère crucial de l'EDC pour respecter l'accord de Paris ou « empêche[r] toute perturbation anthropique dangereuse du système climatique » (CCNUCC) imposerait alors de dissocier les deux méthodes et d'éviter toute référence à une catégorie de surplomb telle qu'« ingénierie du climat ».

Le recours aux sulfates dans le cadre de l'IAS fait figure d'épouvantail. À juste titre, la perspective est effrayante de générer de l'acide sulfurique dans la stratosphère, lequel pourrait endommager la couche d'ozone, retomber sous la forme de pluies acides, ou encore causer des troubles respiratoires. De plus, le manque de familiarité du public à l'égard de l'ingénierie du climat accentue la probabilité que des mesures d'apparence bénigne comme la CDAS ou l'éclaircissement des nuages marins soient assimilées à des interventions plus controversées. Donc, le maintien d'un cloisonnement aussi étanche que possible entre les deux types de méthodes peut se justifier par la volonté de protéger l'EDC des critiques adressées à la GRS, et surtout à l'IAS.

Toutefois, ce Que sais-je ? fait un autre choix, celui de rassembler ces différentes technologies sous un label commun. La raison est qu'elles poursuivent le même but qui est de réduire le forçage radiatif en dehors de la mitigation conventionnelle, c'est-à-dire sans diminuer le recours aux énergies fossiles. Les pages suivantes présentent diverses techniques pour ce qu'elles sont, au travers de leurs similarités et divergences. La tâche est cruciale. De trop nombreuses analyses de la *géoingénierie* en général se focalisent en fait sur l'IAS, et ceci à charge. Son caractère controversé permet alors de rejeter la modification du climat en bloc, sans nuances, incluant l'ensemble des mesures d'amélioration de l'albédo, mais aussi de captage du CO_2. L'emploi de sophismes (épouvantail, association et raisonnement par l'absurde) est préjudiciable à la fois à l'avancée des savoirs, mais également aux politiques du climat. L'urgence de la situation requiert une évaluation robuste, dépassionnée et sans concessions de la totalité des instruments qui pourraient être utiles pour ralentir, stopper ou inverser le changement climatique ainsi que certains de ses effets.

III. – La pluralité des interventions et la polarisation des débats

Au-delà du but d'atténuer le forçage radiatif, les méthodes d'ingénierie du climat sont de nature variée. Cet ouvrage s'emploie à décrire cette diversité : reforestation, miroirs spatiaux, filtrage du CO_2 sur les usines et centrales thermiques, etc. L'intention est de souligner l'importance de cette multiplicité pour l'évaluation technique, politique et éthique. Toutes les interventions ne se valent pas du point de vue, par exemple, de l'arbitrage entre les coûts et bénéfices, des risques ou des effets disparates.

Le recours au pluriel s'impose donc. L'usage d'*ingénieries* du climat constitue un rappel constant du large spectre des méthodes. Il s'agit de rendre plus difficile toute tentative de généralisation ou de simplification abusive de la question de la manipulation du climat.

La tâche est cruciale, tant l'équivalence morale des technologies demeure un préjugé tenace. Cette dernière stipule que la manipulation du climat devrait être acceptée ou refusée en bloc, sans nuance. D'un côté, elle figurerait l'ultime chance de respecter l'accord de Paris, d'échapper à des désastres et d'éviter une instabilité profonde du climat. Dès lors, les opinions publiques devraient consentir à l'idée de mener des projets de recherche, des expériences *in situ*, pouvant déboucher sur un déploiement. À l'encontre de cet endossement indifférencié, il est essentiel de rappeler que la modification du climat ne doit pas bénéficier d'un blanc-seing. Nulle adhésion de principe ne peut être donnée à la totalité des technologies, sans considérer au préalable, de manière prudente, à quoi elles engagent.

À l'inverse, tout rejet indiscriminé de l'ensemble des méthodes indépendamment de leurs caractéristiques, promesses et risques est tout aussi indéfendable. Comme abordé ci-dessus, un reproche endémique insiste sur l'hubris à l'œuvre derrière tout projet d'altérer le climat, quel qu'il soit. Cependant, une analyse attentive suggère que nombre de méthodes ne présupposent aucune arrogance fondamentale ou volonté de contrôler un hypothétique thermostat global. C'est le cas pour l'éclaircissement des surfaces urbaines, la reforestation, le filtrage des gaz de combustion des centrales à charbon, ou la CDAS. La vulnérabilité à l'objection de techniques comme la GRS stratosphérique ou spatiale n'implique pas que toutes sont nécessairement motivées par l'hubris.

Une autre illustration de l'importance de reconnaître la pluralité des ingénieries du climat est l'accusation selon laquelle elles ne seraient pas naturelles. Elles perturberaient les écosystèmes ou ne respecteraient pas l'« ordre naturel ». Outre le fait que la critique requiert une définition non ambiguë du concept de nature, elle semble convaincante aussi longtemps que la diversité des technologies n'est pas prise au sérieux. Par exemple, il est difficile de déterminer les raisons pour lesquelles une meilleure gestion des forêts ou un programme de restauration des zones humides enfreindrait de manière inacceptable l'ordre naturel. De nombreuses interventions visent à soutenir les puits de carbone dits « naturels ». La fertilisation des océans s'emploie à stimuler la création de phytoplanctons, imitant le phénomène qui prend place lorsque des tempêtes de sable passent au-dessus de régions souffrant de déficits en fer. La météorisation augmentée terrestre ou marine accélère le processus naturel de dégradation des roches qui conduit à la capture du carbone.

En guise de conclusion, il est possible de définir les ingénieries du climat comme les interventions humaines dans le système climatique qui visent à altérer le forçage radiatif local ou global afin de ralentir, stopper, ou inverser le changement climatique et ou des événements néfastes qui en découlent.

CHAPITRE II

L'extraction du dioxyde de carbone

La première famille d'interventions, telle qu'identifiée dans de nombreux textes clefs, y compris le rapport de la Royal Society, est l'EDC. Elle consiste à capter le CO_2 dans l'atmosphère ou à son point d'émission (par exemple, en filtrant les gaz de combustion des centrales électriques et des usines) pour ensuite le stocker dans la biomasse (arbres, charbon, plancton), les sols de surface, les cavités géologiques profondes, ou les abysses océaniques. Par conséquent, il s'agit soit de réduire les sources humaines de CO_2 (industrie, secteur de l'énergie, déforestation), soit de stimuler ou de créer des puits de carbone pour abaisser les concentrations atmosphériques de CO_2.

I. – Évaluer l'efficacité de l'extraction du CO_2

L'efficacité de ces méthodes dépend de deux variables, exprimées en masse de CO_2 (tonnes) : le captage et la séquestration (cf. tableau 2). Nombre d'analyses se contentent de n'évaluer que le premier. Le coût et la pérennité du stockage doivent toutefois être pris en compte, ce qui implique d'incorporer le transport du CO_2 du site de capture au point de séquestration. De plus, toute mesure doit intégrer la durée effective de stockage, qui fluctue de courte (réservoirs biologiques telles les forêts) à longue (réservoirs géologiques comme les aquifères profonds). L'évaluation de l'efficacité et du bilan carbone doit porter sur l'ensemble de la filière. Par exemple, l'efficacité de la BECSC doit être appréciée en comptabilisant l'énergie fossile nécessaire lors des différentes phases. Cela inclut la mise en culture et la récolte des cultures énergétiques, l'acheminement vers la centrale thermique, la combustion et le captage du CO_2 depuis les gaz émis, le transport jusqu'au réservoir par véhicules ou pipelines et l'enfouissement. Une analyse du cycle de vie s'impose. Chaque étape doit être assujettie à un inventaire rigoureux des quantités de GES libérées et absorbées, lequel doit faire l'objet de rapports détaillés qui pourront ensuite être contrôlés de manière indépendante par des organismes certifiés. Ces trois étapes forment le socle des processus de surveillance, déclaration et vérification (SDV), éléments essentiels pour jauger l'efficacité de l'extraction et du stockage du CO_2, ainsi que d'autres GES. La séquestration est cruciale, car des fuites, même infimes, sur plusieurs décennies ou siècles, peuvent annihiler l'intervention. L'une des priorités réside donc dans le développement de standards clairs et globalement acceptés pour chaque méthode d'EDC, ce qui n'est pas encore le cas. Des institutions se penchent néanmoins sur le sujet. En 2024, le Parlement européen a voté des règles de certification de l'absorption du carbone et de l'agriculture de carbone (*Carbon Removals and Carbon Farming Certification*).

Le principe d'une intervention humaine afin d'accélérer l'extraction du CO_2, voire d'autres GES, apparaît dès 1992 dans le texte fondateur de la politique internationale du climat. La CCNUCC stipule qu'il incombe aux parties à la Convention de tenir à jour « des inventaires nationaux des émissions anthropiques par leurs sources et de l'absorption par leurs puits de tous les gaz à effet de serre non réglementés par le Protocole de Montréal[1] » (article 4, alinéa 1.a). De plus, elles doivent œuvrer au « renforcement des puits et réservoirs de tous les gaz à effet de serre non réglementés par le protocole de Montréal, notamment la biomasse, les forêts et les océans de même que les autres écosystèmes terrestres, côtiers et marins » (article 4, alinéa 1.d). De son côté, l'accord de Paris réaffirme l'importance de l'équilibrage des sources et des puits de GES, ainsi que de la préservation et de la consolidation des puits et réservoirs (préambule, articles 4 et 5).

II. – Prendre la pleine mesure du défi climatique

Les émissions humaines et les concentrations atmosphériques peuvent être calculées de plusieurs façons. La pratique la plus courante est d'utiliser la masse de CO_2, GES le plus communément relâché par la combustion de sources fossiles (gaz naturel, charbon et pétrole). Il n'est toutefois ni le plus répandu (il s'agit de la vapeur d'eau) ni celui avec le forçage radiatif le plus élevé (le méthane, le protoxyde d'azote, et les fluorocarbures sont plus puissants). *Ipso facto*, l'équivalent de CO_2 (CO_{2eq}) tend à s'y substituer, par exemple, dans les documents publiés par l'Union européenne ou le GIEC. Les mesures de

1. Signé en 1987, le protocole de Montréal vise à supprimer la production de gaz qui contribuent à la destruction de la couche d'ozone, principalement les chlorofluorocarbures (CFC).

CO_{2eq} sont obtenues en convertissant les quantités de GES en équivalents de CO_2 sur la base de leur capacité de forçage. Pour ce faire, les scientifiques calculent le potentiel de réchauffement global de tous les GES pour une période donnée (20, 50 ou 100 ans) en faisant du forçage du CO_2 l'unité de base, c'est-à-dire en lui attribuant la valeur 1. Ces calculs dessinent un tableau sombre de la situation. Si les émissions de CO_2 en 2022 étaient d'à peu près 37 gigatonnes (Gt) (37 milliards de tonnes), ce chiffre bondissait à 53,8 Gt de CO_{2eq} selon la Commission européenne. Comptabiliser le seul CO_2 minore la gravité du changement climatique. Il est donc nécessaire d'inclure les autres GES dans les stratégies de mitigation, et de planifier leur capture. Le CH_4 constitue une sérieuse menace au vu des larges quantités contenues dans le pergélisol, lequel dégèle rapidement à cause du changement climatique. Bien qu'ayant un cycle de vie atmosphérique plus bref que le CO_2, le potentiel de réchauffement global à court terme du CH_4 est supérieur au CO_2, 1 unité de CH_4 représentant 84 unités de CO_2 sur 20 ans, ce potentiel déclinant peu à peu par la suite.

Dans les textes internationaux, l'EDC est souvent désignée sous le vocable de « technologies d'émissions négatives » ou *NETs*[1]. Celles-ci forment le cœur de la plupart des scénarios qui respectent le plafond de 2 °C. Toutefois, aucune méthode, mobilisée seule, ne semble capable de capturer le CO_2 en quantité suffisante pour combler le fossé de mitigation d'ici 2050. Cela soulève la question des politiques « hybrides » ou « portfolio », c'est-à-dire qui articulent mitigation, adaptation et diverses interventions d'ingénierie.

1. En anglais, *negative emissions technologies*.

Quoi qu'il en soit, les méthodes d'EDC peuvent être classées de plusieurs manières. Ce livre adopte une division en trois catégories. La première rassemble les interventions qui s'attellent à stimuler les puits terrestres, la seconde celles qui visent les puits marins, tandis que la troisième réunit celles qui s'appuient sur des processus industriels. Les deux premiers groupes s'emploient à soutenir des étapes naturelles du cycle du carbone. Le tableau 2 récapitule le potentiel de capture et de séquestration des méthodes discutées dans ce chapitre.

Tableau 2. – **Potentiel des méthodes d'extraction du CO_2**[1]

Intervention	Capture potentielle Gt CO_2/an (2050)	Capture et stockage Coûts par tonne de CO_2[2]	Durée potentielle de séquestration
Reforestation et afforestation	0,5-10	0-240 $ (2023) (0-223 €)	Courte (décennies)
Sols	0,6-9,3	– 45-100 $ (2023) (– 42-93 €)	Incertaine

1. Le tableau a été constitué sur la base des sources suivantes : A. Baylin-Stern, N. Berghout, « Is carbon capture too expensive ? », *International Energy Agency*, Paris, 17 février, 2021 ; D.J. Beerling *et alii*, « Potential for large-scale CO_2 removal via enhanced rock weathering with croplands », *Nature*, 583, 2020 ; S. Fuss *et alii*, « Negative emissions – Part 2 : Costs, potentials and side effects », *Environmental Research Letters*, vol. 13, n° 6, 2018 ; S.M. Smith *et alii*, *The State of Carbon Dioxide Removal*, 2023 (1re éd.).
2. Les données originelles sont en dollars américains. Les conversions ont été calculées par l'auteur, sur la base des taux de change fournis par l'INSEE, à la date de l'évaluation initiale, soit mai 2018 (1 dollar = 0,85 euro), juillet 2020 (1 dollar = 0,87 euro), février 2021 (1 dollar = 0,83 euro) ou janvier 2023 (1 dollar = 0,93 euro).

Biochar	0,3-6,6	10-345 \$ (2023) (9,3-321 €)	Incertaine
Météorisation augmentée terrestre	0,5-4	Pays émergents 54-124 \$ (2020) (47-108 €) Pays avancés 157-220 \$ (2020) (137-191 €)	Incertaine
Météorisation augmentée marine	0,1-10	de 14 à plus de 500 \$ (2018) (De 12 à plus de 425 €)	Incertaine
Fertilisation des océans	1-3	50-500 \$ (2023) (47-465 €)	Incertaine
Capture et séquestration du carbone (CSC)	Variable en fonction des investissements. 94 Gt doivent être capturées d'ici 2050 pour respecter le plafond de 2 °C	Sources hautement concentrées en CO_2 15-25 \$ (2021) (12-21 €) Sources faiblement concentrées en CO_2 40-120 \$ (2021) (33-100 €)	Longue (millénaires)
Bioénergie avec capture et stockage du carbone (BECSC)	0,5-11	15-400 \$ (2023) (14-372 €)	Longue (millénaires)
Capture directe dans l'air et séquestration (CDAS)	5-40	100-300 \$ (2023) (93-279 €) [Certaines estimations montent jusqu'à 1 000 \$]	Longue (millénaires)

III. – Les interventions terrestres

La première catégorie consiste en la capture du CO_2 dans les sols et la biomasse terrestre. Ces méthodes couvrent un large spectre, allant des moins aux plus interventionnistes. Certaines restreignent l'interférence humaine (labour limité des terres agricoles, ralentissement de la déforestation) afin de ne pas entraver les puits naturels de GES. D'autres sont plus actives, telle la restauration d'écosystèmes, incluant la réhabilitation des forêts (reforestation), des zones humides (marécages) ou côtières (mangroves). Enfin, des projets sont très intrusifs, à l'instar de la météorisation terrestre qui consiste à accélérer la dégradation de certaines roches (silicates). Cette section se borne à présenter les interventions les plus discutées : foresterie, capture au sein des sols et météorisation terrestre.

1. **Foresterie.** – La première sous-catégorie s'emploie à préserver ou reconstituer la capacité des forêts à stocker le CO_2. Outre la gestion durable des forêts, elles regroupent la reforestation (replanter des arbres sur des espaces auparavant boisés), l'afforestation (planter des arbres dans des espaces sans forêts depuis au moins 50 ans), l'arrêt de la déforestation (qui représente près de 10 % des émissions anthropiques de GES selon les Nations unies, certaines estimations montant jusqu'à 20 %). L'efficacité, c'est-à-dire le taux de capture et la longévité de la séquestration, de la reforestation et de l'afforestation, dépend de facteurs tels que la latitude, l'altitude, les espèces sylvestres ainsi que leur adaptation au climat actuel et futur.

La foresterie possède plusieurs avantages. Tout d'abord, elle est technologiquement mature comme le démontre l'avancement des sciences forestières. En outre, elle est vue comme étant « naturelle » ou tout le moins comme ne contrevenant pas aux cycles naturels, ce qui n'est pas le cas d'autres méthodes. Cette perception garantit une acceptation publique plus solide. Ensuite, la technologie est moins coûteuse que des interventions tels la CDAS ou les miroirs spatiaux. En outre, la lutte contre la déforestation aide à préserver la biodiversité, réduire l'érosion tout en stimulant la production de biomasse, ce qui peut être profitable au secteur de l'énergie. Ces bénéfices accompagnent aussi la reforestation et l'afforestation, lorsque celles-ci sont menées de manière durable. Dans le cas contraire, les écosystèmes peuvent être endommagés, allant à l'encontre de la supposée naturalité.

La méthode connaît toutefois des limites. En premier lieu, la séquestration dépend de la longévité des arbres. Leur dépérissement libère du CO_2 et du CH_4, illustrant le caractère éphémère du stockage biologique par rapport à sa version géologique. En plus de relâcher des GES au bout de quelques décennies ou siècles, le potentiel de capture des forêts décline au fil du temps. Dans le cas d'un reboisement intensif de 500 millions d'hectares limité aux terres les plus propices, c'est-à-dire tropicales, la capture annuelle plafonnera aux alentours de 3,6 Gt dès 2050, avant de tendre vers 0 dans la seconde moitié du 21e siècle[1]. Donc, plus un espace boisé vieillit, plus son bilan carbone devient

1. S. Fuss *et alii*, « Negative emissions–Part 2 : Costs, potentials and side effects », *Environmental Research Letters*, vol. 13, n° 6, 2018.

neutre. L'extraction ralentit tout en étant compensée par la libération de GES issue de la décomposition des arbres morts et d'autres processus biochimiques dans les sols.

En second lieu, il est peu probable que la foresterie puisse absorber à elle seule l'ensemble des émissions. Elle est également incapable d'abaisser suffisamment les concentrations de GES pour éviter des catastrophes majeures et le franchissement de points de basculement climatique. En guise de comparaison, une capture annuelle de 3,6 Gt de CO_2 en 2050 ne représente qu'un peu moins de 10 % des émissions mondiales de CO_2 en 2022 (37 Gt). L'arrêt de la déforestation permettrait d'ajouter jusqu'à 20 % de réduction. Au mieux, la foresterie ne peut donc que soutenir d'autres initiatives, et cela durant quelques décennies. Il s'agit d'une technologie de pont ou de jonction (*bridging technology*), utile pour gagner du temps et élaborer des programmes plus ambitieux de mitigation (énergies décarbonées) et de séquestration.

En troisième lieu, la méthode mobilise d'immenses espaces, dont l'albédo peut être amoindri. Les zones tempérées et boréales seront particulièrement impactées en raison du recul des plaines et du manteau neigeux, lesquels possèdent une forte réflectivité. De plus, cinq cents millions d'hectares seraient nécessaires pour capter 3,6 Gt de CO_2, ce qui représenterait une fois et demie la superficie totale de l'Inde. Le reboisement accentuera les tensions quant à l'usage des terres, lesquelles sont déjà nourries par la croissance démographique ainsi que les besoins de l'agriculture et de l'élevage. Une telle pression sera prononcée dans les régions tropicales, qui sont les plus propices aux interventions forestières. Replantées, ces étendues ne seront alors plus disponibles pour d'autres activités. La méthode pourrait mettre en péril la sécurité alimentaire, en particulier dans les pays les moins avancés, ce qui saperait le développement durable défendu par la CCNUCC.

2. **Sols.** – La seconde sous-catégorie vise à stocker le CO_2 dans les terres de surface. Parmi les méthodes envisageables, deux sont relativement avancées : les techniques culturales simplifiées et le biochar. En restreignant le labour, les premières préservent l'humus, ce qui limite la libération de GES causée par le contact entre les micro-organismes et l'oxygène. L'interférence humaine se borne alors à l'ensemencement. L'intervention améliorerait la rétention des nutriments et réduirait l'érosion et accroîtrait l'albédo des terres agricoles, ce qui refroidirait les environs. Selon *The State of Carbon Dioxide Removal* (1re édition), le potentiel annuel de capture se situe entre 0,6 et 9,3 Gt (2050), pour un impact compris entre un bénéfice de 42 € et un coût de 93 € par tonne. Le gain hypothétique reflète la possibilité d'un meilleur rendement des récoltes, entraînant une hausse des revenus.

La méthode fait face à deux obstacles au moins. Le premier est que des millions d'agriculteurs devront adopter et perpétuer des pratiques de labour limité, nécessitant une coordination et des investissements colossaux tant dans la sensibilisation à ces techniques que dans des procédures de SDV. Le second réside dans la fragilité du stockage. Pour une séquestration durable, les sols ne doivent pas être retournés ou perturbés. Le maintien du CO_2 dans les couches superficielles est moins pérenne que dans des réservoirs tels les cavités géologiques ou le fond des océans.

L'autre méthode est la préparation et l'enfouissement de biochar. Celui-ci est obtenu par pyrolyse de la biomasse, c'est-à-dire une combustion réalisée dans un environnement sans ou avec peu d'oxygène à des températures préférablement comprises entre 500 et 800 °C. Le résultat est un charbon stable qui, d'une part, libère peu de carbone et, d'autre part, peut être employé pour fertiliser les terres agricoles. Au cours des dernières années, la méthode a connu l'une des plus fortes croissances au sein de l'EDC avec des projections de séquestration à la hausse sur le court terme. En 2023, *The State of Carbon* (2e édition) estimait que la méthode permettait de stocker plus de CO_2 que la BECSC, ce qui représentait 0,79 Mt (millions de tonnes) par an. Néanmoins, des incertitudes existent quant à l'impact sur la vie organique des sols. De plus, l'énergie nécessaire pour produire du biochar en large quantité rend le bilan carbone flou. Le potentiel de capture à l'horizon 2050 se situe en dessous de celui des techniques culturales simplifiées pour un coût supérieur.

3. **Météorisation augmentée terrestre**. – Aussi dénommée altération forcée terrestre, cette méthode vise à accélérer la désagrégation des silicates (par exemple le basalte) qui d'habitude s'étend sur plusieurs millions d'années. La météorisation terrestre (*land-enhanced weathering*) consiste à réduire ces roches en fine poussière, puis à les exposer à l'air libre dans des installations spécifiques ou les répandre sur les terres agricoles. L'émiettement accroît la surface minérale en contact avec l'atmosphère, hâtant l'extraction. La technique est

déjà pratiquée, à petite échelle, par les paysans pour amender les sols. Elle fait l'objet d'une poignée d'expériences d'ampleur plus large, comme celle qui est menée par l'université de Californie à Davis. La technologie est encore balbutiante en dépit de bénéfices prometteurs. Outre la capture, elle permettrait de réduire l'érosion et l'acidité des terres ainsi que de renforcer la valeur nutritionnelle et le rendement des récoltes.

Des installations industrielles conséquentes sont nécessaires. Tout d'abord, le secteur minier doit fournir la poussière minérale en quantité suffisante. Ensuite, l'intervention requiert des infrastructures adéquates d'exposition des roches concassées à l'air libre ou des chaînes logistiques appropriées pour le transport vers les sites d'épandage. Par conséquent, la maturité et l'extension de la méthode demeurent incertaines. Des zones d'ombre subsistent quant aux besoins énergétiques, et donc aux émissions de GES, de l'ensemble de la filière. De plus, l'utilisation de résidus de roches d'origine industrielle pourrait conduire à la pollution des sols. Le potentiel de capture reste modeste, compris entre 0,5 et 4 Gt annuels selon les sources pour des coûts qui varient en fonction du lieu d'intervention.

IV. – Les interventions marines

D'après *The Global Carbon Budget 2022*, les océans stockent près de 38 000 Gt de carbone tandis que l'atmosphère et la biomasse terrestre n'en abritent respectivement que 875 et 450 Gt. Pour leur part, les sols hors pergélisol en contiennent 1 700 Gt. Hors manteau terrestre, les mers en représentent le principal réservoir, capturant aux alentours de 30 % des émissions anthropiques. L'accumulation du CO_2 provoque toutefois l'élévation de l'acidité des eaux de surface, préjudiciable aux organismes qui minéralisent pour former leurs coquilles, carapaces ou squelettes (coraux, crabes et langoustes). Le défi est donc de dissoudre le CO_2 ou de favoriser sa descente dans les abysses. Cette section expose deux méthodes : la météorisation augmentée marine et la fertilisation des océans. D'autres interventions font l'objet d'études, à l'instar de la valorisation des zones côtières (qualifiée de « carbone bleu[1] »), du brassage des eaux de surface et de profondeur ainsi que de la culture des macroalgues. En dépit de leur potentiel, elles sont moins discutées dans la littérature et, en général, les recherches les concernant sont moins avancées. Elles ne sont donc pas détaillées plus avant.

1. **Météorisation augmentée marine.** – Miroir de la version terrestre, il s'agit de broyer des roches, notamment des silicates et carbonates, dans des installations dédiées pour ensuite en répandre la poussière en zones côtières ou au large. Ainsi l'absorption de carbone est stimulée. L'intervention au large, parfois dénommée « amélioration de l'alcalinité océanique[2] » (*ocean alkalinity enhancement*), prédomine dans la litterature. Elle exige une flotte ainsi que des infrastructures portuaires conséquentes. Sa maturité est toutefois plus faible que sa contrepartie terrestre, reflétée par des

1. National Academies of Sciences, Engineering, and Medicine, *Negative Emissions Technologies and Reliable Sequestration : A research agenda*, The National Academies Press, 2019.
2. S.M. Smith *et alii*, *The State of Carbon Dioxide Removal*, 2024 (2e éd.).

estimations plus élevées de coûts. L'incertitude est également visible dans le potentiel de séquestration, dont la fourchette est plus ample (0,1-10 Gt CO_2 en 2050) avec certaines projections montant jusqu'à 100 Gt pour l'amélioration de l'alcalinité. Le contrôle du stockage, au travers de processus de SDV, est rendu plus ardu par le milieu de dispersion qui est vaste et dynamique (brassage des eaux, courants, etc.).

La méthode est confrontée à d'autres limites. Tout d'abord, les besoins énergétiques seront supérieurs à sa version terrestre du fait du chargement sur des navires et de l'épandage au large. Si le secteur minier et le transport restent alimentés par des sources fossiles, la météorisation devra être d'autant plus ambitieuse pour compenser les GES émis durant ces opérations. L'empreinte carbone pourrait être modérée en dispersant la poussière minérale depuis les ballasts des bateaux arpentant les lignes maritimes existantes. Ensuite, la méthode menace les écosystèmes. Les roches étant d'origine industrielle, le risque de contamination, par exemple aux métaux lourds, est non négligeable. De plus, l'épandage peut acidifier les eaux de surface, perturbant la faune et flore. Ces risques expliquent qu'une barrière légale semble s'opposer au déploiement de cette technologie. Si les ingénieries du climat se situent en général dans un angle mort réglementaire, les interventions marines font exception. En effet, le rejet de polluants et déchets est interdit par la Convention de Londres (1972) et son protocole (1996). En outre, la Conférence des parties à la Convention sur la diversité biologique des Nations unies a émis plusieurs décisions (en particulier les décisions IX/16 [2008] et X/33 [2010]) enjoignant à ses membres de ne pas conduire d'expérimentations d'ingénierie du climat dans les eaux internationales. La recherche devrait être circonscrite à de modestes projets menés en zones côtières. Pour finir, un arrêt brutal de l'intervention pourrait créer un choc d'interruption (cf. prochain chapitre), à l'instar de certaines méthodes de GRS telle l'IAS. Les températures ainsi que l'acidité de surface pourraient alors bondir.

2. **Fertilisation des océans.** – La fertilisation des océans est parfois qualifiée de « pompe biologique », en contraste avec la « pompe physique » qui consiste à amener en surface les eaux de profondeur moins chargées en CO_2 pour hâter la capture. La fertilisation de zones déficitaires en nutriments, fer en particulier, permettrait de stimuler les micro-organismes (phytoplancton) qui extraient le CO_2 au travers de la photosynthèse. Pour que la séquestration soit durable, une partie significative du phytoplancton doit couler sans être consommée par d'autres organismes tels les crustacés et les petits poissons. Dans les abysses pauvres en oxygène, le carbone pourrait être stocké pendant une longue période (un millénaire, voire plus). Toutefois, le potentiel de capture est faible, pour des coûts élevés (cf. tableau 2). De nombreux doutes quant à l'efficacité persistent. À l'instar de la météorisation augmentée marine, le processus de SDV est complexe et incertain. Il requiert de pouvoir surveiller le comportement de micro-organismes sur des zones vastes et profondes.

La stimulation de la production de phytoplancton n'est pas bénigne. Elle peut engendrer des régions « mortes », c'est-à-dire appauvries en oxygène, voire des efflorescences algales toxiques. La technique a déjà été la cible de virulentes controverses liées à des projets comme dans les îles Galápagos (2007) ou en Colombie-Britannique (2012). Qui plus est, la fertilisation est soumise aux mêmes contraintes que la météorisation marine, ce qui en fait une des rares méthodes quelque peu réglementées. Son assimilation à de la pollution la rend potentiellement illégale au regard de la Convention de Londres et de son protocole, ce qui obère tout test dans les eaux internationales. De plus, tout comme la météorisation, la Conférence des Parties à la Convention des Nations unies relative à la diversité biologique exhorte ses membres à ne poursuivre que de modestes expériences côtières, handicapant ainsi l'avancée du savoir scientifique.

V. – Les interventions industrielles

La dernière catégorie regroupe des méthodes qui s'appuient sur des mécanismes industriels d'extraction ainsi qu'un stockage géologique. Ces trois méthodes s'éloignent de la stimulation des processus « naturels » de captage du CO_2 qui caractérisent les deux catégories précédentes. La technique la plus développée est la CSC. La BECSC constitue la mesure phare de nombre de scénarios climatiques. Enfin, la CDAS est la moins avancée, mais présente un potentiel très élevé. L'extraction au travers de la BECSC et la CDAS est en plein essor.

1. **Capture et séquestration du carbone.** – Le CO_2 est extrait à son point d'origine en filtrant les fumées d'échappement de centrales électriques alimentées par les énergies fossiles (charbon, gaz naturel, ou fioul) ou d'installations industrielles (production de ciment,

métallurgie et sidérurgie). Ensuite, le CO_2 est acheminé par véhicule ou pipeline vers un réservoir géologique dans lequel il peut demeurer pendant une très longue période, potentiellement 1 million d'années. L'avantage de la CSC est de permettre de rétrofiter des usines afin de les rendre carbone neutre. La technologie est mature. En 2023, 41 installations commerciales étaient actives selon le *Global CCS Institute*. La CSC bénéficie de décennies d'expérience dans le domaine du captage et de la valorisation du CO_2 qui consiste soit à l'injecter dans les couches géologiques et faciliter l'extraction d'hydrocarbures (récupération assistée de pétrole), soit à l'utiliser dans des produits telles les boissons gazeuses (captage et valorisation du CO_2). Toutefois, classer la CSC dans l'EDC est contesté, car contrairement aux autres techniques, elle ne s'attaque pas aux concentrations atmosphériques de CO_2, mais empêche de nouvelles émissions.

La méthode fait l'objet de vives critiques et de craintes. Tout d'abord, elle pourrait favoriser le *statu quo* quant à l'usage des énergies fossiles, réduisant le sentiment d'urgence qui entoure la mitigation. Pire, elle présente le risque d'un enfermement dans le carbone. En étendant la durée de vie des centrales électriques et des usines, tout en créant l'illusion d'une neutralité, le recours massif aux énergies fossiles pourrait se maintenir pendant des décennies. Ensuite, elle donne naissance à un secteur dédié à la capture (fournisseurs d'équipements de CSC) ainsi que des intérêts économiques qui doivent leur existence aux seules énergies fossiles. Pour être profitable, la CSC nécessite que de larges pans de l'industrie poursuivent leurs émissions, ce qui n'est pas le cas des autres méthodes d'EDC, à l'exception de la BECSC qui s'appuie cependant sur la combustion de biomasse pour retirer le CO_2 de l'atmosphère. Enfin, l'extraction impose une pénalité (premium) énergétique. Les centrales électriques équipées de CSC ne peuvent pas maximiser leurs rendements, car une partie de l'énergie générée doit être allouée à la capture. En outre, le transport et l'enfouissement du CO_2 consomment de l'énergie, qui peut être d'origine fossile et donc libérer d'importantes quantités de CO_2. Dans le cas d'usines, la CSC augmente les coûts de production. Si elle n'est pas universellement mise en œuvre, elle dégrade à court terme la compétitivité-prix des compagnies qui l'appliquent.

2. **Bioénergie avec capture et séquestration du carbone.** – Des résidus de l'industrie forestière ou des cultures énergétiques (canola, tournesol, peuplier, etc.) sont « convertis » afin de produire de l'électricité ou de la chaleur. À l'instar des interventions de CSC, le CO_2 est capturé au point d'émission avant d'être transporté et séquestré. La méthode promet la neutralité carbone dans le secteur de l'énergie, tout en recourant à la biomasse comme pompe à CO_2, l'extrayant du cycle biologique pour le rediriger vers les formations géologiques. Avec la foresterie, il s'agit de la principale mesure d'EDC utilisée dans les modèles. Dans son 6e rapport d'évaluation (2021), le GIEC incluait la BECSC dans 516 des 540 scénarios qui respectaient l'accord de Paris[1]. En 2023, la plus importante installation était l'*Illinois Carbon Capture and Storage Project*

1. S.M. Smith *et alii*, *The State of Carbon Dioxide Removal*, 2024 (2e éd.), p. 144.

aux États-Unis pour une séquestration annuelle entre 0,43 et 0,52 Mt. Selon les sources, celle-ci représentait entre la moitié et la quasi-totalité du CO_2 stocké par la demi-douzaine d'installations de BECSC en activité. En 2030, l'extraction pourrait monter à 57 Mt du fait de nombreux projets en construction.

La technologie est plutôt mature, mais constitue un défi pour la SDV. La filière s'étendant de la mise en culture au stockage, en passant par les centrales biomasse et le transport, son efficacité doit être jaugée au travers d'une analyse du cycle de vie total, incluant les émissions potentielles de GES à chaque étape. En outre, tout déploiement ambitieux rencontrera des obstacles majeurs, notamment en termes de développement durable. D'ici 2050, 16 000 centrales seraient nécessaires pour respecter l'accord de Paris. Les espaces requis pour les cultures, pouvant représenter une à deux fois la superficie de l'Inde, créeront des conflits quant à l'emploi des terres. La BECSC menacera la sécurité alimentaire, en particulier dans les pays les moins avancés. De plus, elle favorisera la monoculture ainsi que l'usage intensif d'engrais et de produits phytosanitaires au risque de contaminer les sols et nappes phréatiques. Des écosystèmes déjà fragilisés pourraient s'effondrer. Enfin, la technique ne paraît pas capable à moyen terme de répondre aux besoins globaux en matière de génération d'énergie et de capture du CO_2. Au mieux, la BECSC peut être complémentaire d'autres interventions d'EDC, ce qui suscite des interrogations quant à sa proéminence dans les scénarios climatiques.

3. **Capture directe dans l'air et séquestration.** Consistant à extraire le CO_2 depuis l'air ambiant,

la méthode incarne un paradoxe. La technologie est l'une des moins développées. Selon l'Agence internationale de l'énergie, 27 installations étaient en opération en 2023 pour un total de capture de 10 000 tonnes (t) par an. Le principal site en opération était Orca (4 000 t/an) avec le projet Mammoth (36 000 t/an) en cours de finalisation, tous deux gérés par la compagnie Climeworks en Islande. La CDAS nourrit de sérieux espoirs qui se manifestent par son essor dans les scénarios climatiques, en particulier depuis le 6e rapport d'évaluation du GIEC (2021). Selon *The State of Carbon Dioxide Removal* (1re et 2e éditions), le potentiel d'extraction (40 Gt de CO_2) est le plus élevé de toutes les méthodes d'EDC, mais avec de maigres projections à court terme (61 Mt en 2030). Un avantage additionnel réside dans la flexibilité de sa localisation. Les équipements ne sont pas liés à des sites industriels (CSC) ou à des sources de biomasse (BECSC). Ils peuvent être placés à proximité de réservoirs géologiques. De fortes incertitudes toutefois existent quant à la possibilité de construire assez d'infrastructures afin de réduire rapidement les concentrations de CO_2. De plus, la CDAS ne produisant pas d'énergie, elle doit être alimentée par le réseau électrique. Dès lors, si le bouquet énergétique n'est pas décarboné, l'extraction engendre des émissions de CO_2 supplémentaires. Les évaluations des coûts de capture et de séquestration, parmi les plus élevées et les plus volatiles, reflètent ces incertitudes. Les estimations hautes fluctuent entre 279 € (300 $) et 930 € (1 000 $) par tonne.

VI. – L'extraction du CO_2 et les politiques du climat

En dépit de son caractère embryonnaire, l'EDC occupe déjà une place centrale dans les projections climatiques, en partie du fait des pressions exercées par les décideurs politiques sur les chercheurs. Les premiers exigent souvent des seconds qu'ils modélisent des trajectoires offrant une chance de demeurer sous la barre des 2 °C, y compris si cela implique de s'appuyer sur des technologies naissantes dont le potentiel reste incertain. L'inclusion de l'EDC dans les scénarios serait moins problématique si elle était plus transparente. Au contraire, une pratique courante est de ne pas distinguer de manière claire l'EDC de la mitigation conventionnelle. Cette dernière comprend la conservation de l'énergie (absence d'usage), l'efficience énergétique (usage moindre pour une même fonction) et la décarbonisation (recours à des sources non fossiles). Par exemple, la conservation consiste à éteindre la lumière dans une pièce inoccupée, l'efficience consiste à remplacer des ampoules incandescentes par des LED, tandis que la décarbonisation peut être atteinte en utilisant l'énergie solaire.

Les objectifs climatiques sont souvent appréhendés sous la forme d'émissions nettes, obtenues en soustrayant les émissions négatives (c'est-à-dire les quantités extraites de CO_2) aux émissions brutes. *De facto* une telle démarche place sur le même plan la diminution des émissions et la captation des GES. Le GIEC contribue à la confusion en définissant la mitigation (atténuation) comme l'« intervention humaine visant à réduire les sources ou à renforcer les puits de gaz à effet de serre (GES) ». Aborder les politiques du climat sous l'angle net, sans plus de précision, entretient toutes sortes d'illusions, certaines périlleuses. Alors que la mitigation conventionnelle consiste à ne pas libérer de CO_2, l'EDC repose sur la capture du CO_2 déjà présent dans l'atmosphère (ou au point d'émission avec la CSC). Plus que cela, en l'absence de décarbonisation des bouquets énergétiques, certaines méthodes requièrent l'usage d'énergies fossiles (météorisation augmentée, CSC, BECSC, CDAS, etc.). Une telle différence est importante pour au moins trois raisons.

Premièrement, des trajectoires présentant en apparence des émissions nettes identiques peuvent cacher des choix industriels et technologiques divergents. Le tableau 3 en propose une illustration simplifiée par l'entremise de stratégies de neutralité carbone à l'horizon 2050. Il convient de garder à l'esprit que le rôle possible de l'EDC ne se limite pas à achever un objectif net zéro en 2050. Il offre d'atteindre un bilan négatif dans la seconde moitié du siècle, caractérisé par des montants de CO_2 capturé supérieurs à ceux émis. Quoi qu'il en soit, considérons trois pays (A, B, C) qui rejetaient chacun 1 Gt annuel de CO_2 en 2020. (A) débute une politique basée sur la seule mitigation conventionnelle, en coupant de manière rapide ses émissions. De son côté, (B) adopte une stratégie dite hybride, combinant mitigation et déploiement progressif de l'EDC. Enfin, (C) planifie un maintien des énergies fossiles avec une compensation totale au travers de l'EDC en 2050. Si du point de vue du solde net, les trois approches sont indistinguables, elles ne se valent pas, tant matériellement que moralement.

Tableau 3. – **Émissions, capture et solde net de CO_2 (Gt)**

		2020	2035	2050
Pays A	Émissions brutes	1	0,5	0
	Capture et stockage	0	0	0
	Solde net	1	0,5	0
Pays B	Émissions brutes	1	0,8	0,5
	Capture et stockage	0	0,3	0,5
	Solde net	1	0,5	0
Pays C	Émissions brutes	1	1	1
	Capture et stockage	0	0,5	1
	Solde net	1	0,5	0

Deux précisions s'imposent. Les émissions sont considérées comme stagnantes de 2020 à 2050, ce qui est simpliste. Une telle hypothèse peut se révéler d'autant moins réaliste que le déploiement d'EDC érodera le sentiment d'urgence entourant la réduction des émissions de CO_2, causant une compensation du risque (cf. chapitre IV). De plus, les autres GES ne sont pas inclus dans les calculs, car ils ne sont pas couverts par les méthodes actuelles d'extraction.

Quoi qu'il en soit, les trois trajectoires incarnent des choix industriels et sociétaux dissemblables. (A) s'engage dans des investissements initiaux lourds, dus à une décarbonisation agressive, au profit des futures générations. Les coûts de la politique du climat sont concentrés sur les générations présentes. Si adoptée internationalement, une telle stratégie pourrait être rentable en raison de la réduction des dégâts liés au changement climatique. Toutefois, l'abandon rapide d'énergies bon marché pourrait hypothéquer le développement humain des pays les moins avancés et entraîner une hausse de la pauvreté. À l'opposé, (C) maintient l'usage d'énergies fossiles tout en faisant le pari de la seule EDC pour atteindre la neutralité carbone en 2050. Cette approche s'expose au danger d'une mise en œuvre insuffisante pour compenser la totalité des émissions. En outre, le risque de fuites lentes, mais non négligeables, du CO_2 stocké est réel. Enfin, (B) adopte une stratégie hybride mêlant mitigation et EDC qui fait face aux mêmes travers que (C), mais dans des proportions moindres. Ce dernier choix peut se justifier par la volonté d'optimiser le faible coût des énergies fossiles (en retardant leur abandon) tout en déployant peu à peu l'EDC. La plupart des pays industriels tablent sur des politiques ressemblant à (B).

Deuxièmement, l'inclusion de l'EDC exacerbe les risques de dépassement du budget carbone pour rester sous le plafond de 2 °C. Un tel budget représente le total d'émissions de carbone, CO_2 ou GES à ne pas excéder afin de respecter un objectif climatique (par exemple 2 °C) dans un intervalle de probabilités (par exemple 66-100 %). Bien entendu, chacune des trois stratégies est susceptible de ne pas remplir ses promesses. Toutefois, (C) repose avant tout sur des technologies qui n'ont pas encore démontré leur efficacité ou dont le déploiement rapide à grande échelle n'est pas garanti. Le risque d'une extraction insuffisante est exacerbé par le manque de structures de gouvernance et d'investissements, notamment publics. Comparée à la mitigation conventionnelle, l'EDC constitue un pari périlleux, pouvant résulter en d'immenses souffrances humaines et animales ainsi que des dégâts matériels colossaux.

Troisièmement, une distinction normative doit être faite entre, d'une part, renoncer à perpétrer un acte dommageable et, d'autre part, se livrer à un tel acte pour plus tard tenter d'en annuler ou compenser les conséquences. Par exemple, ne pas polluer une rivière n'est pas moralement équivalent au fait de la souiller puis de la nettoyer. Le pollueur impose un préjudice à autrui avant de se « rattraper ». Pour des raisons similaires, la mitigation conventionnelle et l'émission de GES suivie de l'EDC ne sont pas substituables. La première consiste à ne pas relâcher de GES, activité nuisible, en particulier pour les populations défavorisées et les générations futures. La seconde revient à libérer des GES puis à tenter d'en prévenir les dommages. La non-équivalence morale est renforcée par le fait que les stratégies reposant sur un déploiement futur de l'EDC transfèrent le fardeau de la décarbonisation ainsi que les risques et coûts de l'EDC aux générations à venir. Le choix peut se révéler catastrophique en cas de dépassement du budget carbone. Clairement, l'évaluation doit aussi comptabiliser les effets néfastes d'un abandon précipité des énergies fossiles, surtout pour les populations vulnérables privées d'accès à des sources d'énergie peu onéreuses ou non carbonées. Une telle perspective souligne le rôle essentiel du transfert des technologies « vertes » vers les pays les plus démunis.

Pour conclure, l'inclusion de l'EDC dans les stratégies climatiques soulève des enjeux cruciaux. Les choix de recherche et industriels auront un impact pendant des décennies, et à plus longue échéance sur les générations futures. Plusieurs implications s'ensuivent.

Tout d'abord, les États et organisations internationales doivent se doter de mécanismes et de règles solides, précises et largement partagées quant au contrôle des émissions, de l'extraction et du stockage du CO_2. Cette nécessité souligne l'importance de généraliser et d'harmoniser la SDV. Toute évaluation doit être aussi complète que possible et inclure toutes les phases de la capture de CO_2. Les estimations souvent négligent l'étape de la séquestration, c'est-à-dire le transport et l'enfouissement du CO_2.

En outre, les gouvernements doivent coordonner *a minima* leurs politiques dans le but d'éloigner le spectre de stratégies inefficaces ou inconsistantes, en particulier quand il est question de captation du CO_2. Tout pays n'engageant pas une mitigation ambitieuse à l'instar de (A) accroît le risque de dépassement du budget carbone, avec des conséquences potentielles terribles pour l'ensemble de la planète. Toutefois, plus l'atténuation est retardée, plus l'EDC s'impose comme une nécessité afin d'« empêche(r) toute perturbation anthropique dangereuse du système climatique » selon la formulation de la CCNUCC. De plus, l'alignement des politiques nationales tant dans le domaine de la mitigation que de l'EDC requiert des efforts massifs, en particulier publics, vu que les investissements privés ainsi que le prix du carbone demeurent trop faibles. Pour finir, la tâche d'éviter toute catastrophe globale n'est que partiellement remplie par les méthodes d'extraction du CO_2, car elles ne s'appliquent pas aux autres GES, tel le CH_4.

CHAPITRE III

La gestion du rayonnement solaire

Seconde famille d'ingénieries du climat, la GRS s'emploie à stimuler l'albédo local ou global. De la sorte, elle vise à compenser, en partie ou en totalité, le réchauffement dû à l'accumulation des GES sans toucher à leur concentration atmosphérique. Le but est de contrer le forçage radiatif net dû aux activités humaines, évalué en 2018 à 2,4 watts par mètre carré (W/m^2) depuis 1750, soit un réchauffement global d'un peu plus de 1 °C. La GRS s'emploie à réduire, bloquer ou renverser l'accroissement du forçage en restreignant l'énergie solaire entrante. Dans la pratique, cela signifie accentuer la réflectivité de surfaces comme les bâtiments urbains, les récoltes, les stratocumulus ou la stratosphère. En comparaison, l'EDC s'attelle à modérer le forçage en affaiblissant l'effet de serre. À la différence de cette dernière qui s'attaque à l'origine du changement climatique, la GRS ne traite donc que l'un des symptômes, sans toutefois prévenir d'autres conséquences telle l'acidification des océans.

Si la réduction du réchauffement est cruciale, accompagnée de nombreux bénéfices (protection de la cryosphère, ralentissement de la montée des océans), elle ne peut pas se substituer à l'extraction du CO_2, encore moins à la mitigation. La GRS, sauf interventions de surface, pourrait être déployée dans des situations d'urgence caractérisées par un réchauffement hors de contrôle. Elle pourrait aussi servir de technologie de pont dans l'attente de la neutralité carbone et de l'EDC à large échelle, en abaissant les températures moyennes. Toutefois, dans les rares enquêtes d'opinion portant sur les ingénieries du climat, les mesures de GRS sont en général jugées comme étant moins naturelles, plus risquées et donc moins acceptables que les méthodes d'EDC.

L'efficacité de la gestion du rayonnement solaire se mesure par la variation du forçage radiatif net exprimé en watts par m^2 (W/m^2) et des températures. Une telle évaluation peut être générale (températures moyennes globales) ou spécifique (températures locales, préservation de la cryosphère dans certaines régions). Une représentation exhaustive de l'efficacité de la GRS nécessite de prendre en considération l'impact thermique, mais également la persistance des effets de forçage. Si enduire de couleurs claires des surfaces urbaines peut refroidir des zones pendant plusieurs années, d'autres techniques requièrent des actions répétées et continues. L'incidence de l'éclaircissement des nuages marins et de l'amincissement des cirrus ne dure que quelques jours tandis que celle de l'injection d'aérosols dans la stratosphère (IAS) n'excède pas deux années. L'évaluation des interventions de large échelle est compliquée par leurs effets disparates, en particulier pour les méthodes stratosphériques et spatiales. Alors que ces dernières visent à abaisser les températures moyennes globales, les simulations montrent de fortes disparités, certaines régions se rafraîchissant et d'autres se réchauffant. De nouveaux climats, différents de ceux qui prévalaient avant l'industrialisation, émergeront, avec des valeurs inédites pour les températures, les précipitations, les courants marins, etc. Les conséquences de la GRS sont d'autant plus complexes à jauger que les évolutions observées peuvent ne pas être dues à l'ingénierie du climat, mais à la variabilité naturelle ou au changement climatique. Dans le cas de l'IAS, isoler le signal (l'effet de la GRS) du bruit de fond (tout autre facteur) demandera une surveillance étroite de déploiements à l'échelle planétaire sur plusieurs décennies, voire 70 ans.

La Royal Society classe les techniques de GRS dans quatre catégories. Tout d'abord, les méthodes de surface visent les sols jusqu'à quelques mètres de hauteur. Les méthodes troposphériques s'étendent jusqu'à la tropopause, dont l'altitude varie de 9 à 17 kilomètres en fonction de la latitude et de la saison. Viennent ensuite les interventions stratosphériques dont le champ d'action se situe entre la tropopause et une cinquantaine de kilomètres. Seule représentante de ce groupe, l'IAS est à la fois l'ingénierie du climat qui attire le plus d'attention et de controverses. Enfin, la quatrième catégorie rassemble les interventions spatiales. La mise en orbite d'objets comme des miroirs ou des voiles constitue la proposition la plus futuriste, mais également celle avec le potentiel le plus élevé.

I. – Les interventions de surface

L'albédo peut être stimulé en zones urbaines et rurales. Le potentiel refroidissement de l'ordre de quelques degrés demeure local. Ces méthodes permettent de renforcer l'adaptation de populations vulnérables au réchauffement climatique. En dépit de leur influence sur l'albédo, la qualification d'ingénieries du climat pour de telles interventions est souvent contestée, notamment en raison de leur impact géographique modeste, de leur faible technicité ainsi que de leur apparente innocuité.

1. **Éclaircissement des surfaces urbaines.** – La méthode vise à recouvrir de couleurs plus claires les façades, toits, rues, et trottoirs afin d'en stimuler la réflectance et donc de diminuer l'énergie solaire emmagasinée. Déjà pratiquée dans de nombreuses agglomérations (Los Angeles, New York), la technique permet de lutter contre l'effet d'îlot de chaleur urbain. Le macadam, le goudron, et la brique possèdent un albédo plus faible que les espaces non bâtis (cf. tableau 1). La poursuite de l'urbanisation étend donc les superficies à basse réflectivité, ce qui fragilise une population de plus en plus importante. En 2020, selon la Banque mondiale, 56 % des habitants de la planète vivaient en ville. L'éclaircissement permettrait de réduire localement les températures de quelques degrés, surtout en été, ainsi que les épisodes caniculaires. Des tests effectués à Toronto en 2018 ont décelé un refroidissement de l'ordre de 1 °C. L'effet est bénéfique pour les catégories vulnérables comme les nouveau-nés, les seniors ou les individus à la santé déficiente (problèmes cardiovasculaires, respiratoires, etc.). Des mesures complémentaires peuvent renforcer ces bénéfices, telles l'extension de la canopée urbaine ou l'implantation de surfaces végétales. Par rapport à d'autres interventions

de GRS, les investissements demeurent modestes et la méthode ne présente pas de risques excessifs au-delà de l'impact limité aux conditions météorologiques locales, notamment hydrologiques.

2. **Éclaircissement des cultures.** – La seconde méthode consiste à cultiver des plantes à l'albédo élevé. Après les récoltes, des résidus ou une couverture végétale peuvent être placés au-dessus des terres au repos pour prolonger l'effet. Le refroidissement local pourrait atteindre 1 °C. L'intervention bénéficie de plusieurs milliers d'années d'expérience humaine dans l'agriculture. La création de nouvelles espèces peut s'opérer de plusieurs façons : hybridation traditionnelle, irradiation ou manipulation génétique. Du fait de perceptions publiques négatives, le recours à cette dernière pour renforcer les traits liés à la réflectivité (cire épicuticulaire, forme du feuillage) causera de vives tensions. Quelle que soit la méthode, l'introduction de nouvelles espèces pourrait déstabiliser les écosystèmes locaux.

II. – Les interventions troposphériques

La seconde catégorie offre de modifier les masses nuageuses au sein de la troposphère, soit en les stimulant (éclaircissement des nuages marins), soit en les réduisant (amincissement des cirrus). La première est la méthode de GRS la plus étudiée après l'IAS, mais elle demeure moins avancée que cette dernière. De son côté, l'amincissement des cirrus est une des techniques les plus embryonnaires. Les méthodes troposphériques permettraient de refroidir des étendues plus vastes que les interventions de surface, mais pour des périodes moins longues, de l'ordre de quelques jours.

1. **Éclaircissement des nuages marins.** – L'idée est de disperser depuis des navires des particules, possiblement d'eau de mer, à faible altitude pour dynamiser la formation et l'épaisseur optique des nuages. Une part accrue du rayonnement solaire serait renvoyée du fait de l'albédo plus élevé des nuages marins (0,6, par exemple, pour les stratocumulus) en comparaison des océans (0,06-0,10). Un des défis est d'éviter une stimulation excessive de la couverture nuageuse existante afin de ne pas en diminuer la réflectance. L'effet net sur le forçage radiatif global pourrait être de 0,97 W/m^2, mais avec de fortes variations locales allant jusqu'à 30 W/m^2. Le potentiel fluctue en fonction de la région et de la saison. La méthode serait particulièrement efficace dans l'océan Austral durant l'hiver boréal, et le Pacifique Nord, l'Atlantique Sud et au large des côtes africaines de l'Ouest au cours de l'été boréal. Toutefois, de telles variations soulignent la nécessité de recherches plus poussées. La technique demeure embryonnaire. Jusqu'à présent, elle n'a fait l'objet que de simulations d'ordinateur, de tests en laboratoires et de quelques modestes expériences de terrain, à l'instar du projet *Marine Cloud Brigthening for the Great Barrier Reef*. En particulier, les lacunes dans la compréhension des interactions entre aérosols et nuages handicapent la modélisation. Cela dit, l'intervention ne semble pas faire face à des barrières technologiques insurmontables.

L'une des caractéristiques de la méthode est de pouvoir être initiée ou stoppée en quelques jours, l'impact se dissipant aussitôt. Ce caractère éphémère constitue à la fois un avantage, pour éviter tout emballement, et une limite, car la dispersion doit être constante. Un choc d'interruption (*termination shock*) pourrait être provoqué par l'arrêt brutal d'un refroidissement qui aurait été mené à grande échelle et sur une longue période. Cependant, la nécessité d'une intervention quotidienne handicape tout déploiement ambitieux, rendant donc la perspective d'un choc improbable. L'éclaircissement peut être appliqué localement en vue, par exemple, de ralentir le blanchiment des coraux ou de modérer l'intensité des ouragans. Enfin, le bilan carbone pourrait être mauvais si la propulsion des navires reste basée sur des carburants fossiles. À l'instar de la météorisation marine, les rotations existantes de bateaux pourraient néanmoins être utilisées dans le but de limiter les émissions additionnelles.

Encadré 2. – **Le choc d'interruption**

Il est fort probable que l'arrêt soudain de certaines interventions, en particulier de GRS, provoquera un bond des températures. La magnitude du choc dépendra de la correction thermique qui aura été interrompue. Dans le cas de l'IAS, l'ajustement pourrait être jusqu'à 20 fois plus rapide que le réchauffement actuel, lequel se situe autour de 0,2 °C par décennie. De nombreux écosystèmes seront incapables de s'adapter. Les souffrances humaines et animales seront terribles, avec l'intensification, entre autres, des canicules, sécheresses, inondations, ouragans, feux de forêt. L'extinction d'espèces en cours, qui est liée à l'Anthropocène, s'accéléra. Outre la météorisation marine, la GRS (sauf interventions de surface) nourrit de telles craintes. En réaction, une littérature interdisciplinaire s'est progressivement emparée du sujet afin d'analyser les effets possibles d'un choc et les moyens de le prévenir ou d'en lisser les conséquences. Ainsi, Andy Parker et Peter J. Irvine considèrent que les probabilités d'une interruption indésirée de l'IAS demeureront faibles du fait de l'accessibilité de la méthode. Des États ou des acteurs privés pourraient se substituer à ceux qui n'ont pas pu maintenir l'intervention. Des systèmes de défense pourraient protéger les installations de déploiement contre toute attaque. Une coopération minimale permettrait d'établir des infrastructures redondantes et de garantir la stabilité des injections. Malgré tout, d'autres auteurs sont sceptiques. Catriona McKinnon par exemple estime que de tels plans de continuité s'appuient sur une vision « panglossienne », c'est-à-dire dangereusement naïve, des relations internationales. En particulier, la conflictualité interétatique n'est pas prise au sérieux. La conclusion est que le risque est trop grand et les solutions trop incertaines pour que l'humanité s'autorise à modifier l'albédo à large échelle.

2. **Amincissement des cirrus.** – Il s'agit d'une des méthodes de GRS les moins étudiées et discutées. Les cirrus sont des nuages de haute altitude, chargés de cristaux de glace. Leur bilan radiatif net est positif (5-6 W/m^2), car le montant d'énergie irradiée depuis le sol qu'ils emprisonnent est supérieur au montant d'énergie venue du soleil qu'ils réfléchissent. Vu que la méthode porte sur le rayonnement terrestre et non solaire, son inclusion au sein de la GRS fait débat.

L'intervention consiste à ensemencer la haute troposphère avec des particules pour favoriser la constitution de cristaux de glace lourds. Ces derniers chuteraient et s'aggloméreraient en nuages à des altitudes plus basses.

Leurs propriétés de forçage seraient alors réduites. Incidemment, la concentration en vapeur d'eau, le GES le plus répandu, serait abaissée, renforçant le refroidissement. Les aérosols pourraient être dispersés depuis des avions de ligne, en les mélangeant au kérosène ou en les injectant dans les réacteurs. L'iodure de bismuth (III), qui est le principal matériau discuté dans la littérature, apparaît inoffensif tout en étant disponible en larges quantités. D'autres particules plus dangereuses ou polluantes pourraient cependant être employées, soulignant le besoin de régulation.

Des études placent le potentiel maximal de refroidissement global aux alentours de 1 °C. La méthode souffre néanmoins du même caractère passager que l'intervention sur les nuages marins, avec une durée de vie de quelques jours. Bien que les expériences n'en soient qu'à leurs débuts, l'amincissement des cirrus semble pouvoir faire l'objet d'un usage local, par exemple au-dessus de l'Arctique afin de préserver la cryosphère. À l'instar de l'éclaircissement des nuages marins, la compréhension de l'interaction des aérosols lors de la formation des cirrus reste parcellaire, ce qui handicape la modélisation. L'ensemencement optimal ainsi que les effets sur des régions distantes du lieu d'intervention demeurent incertains. Une telle myopie renforce les craintes quant à l'émergence de nouveaux climats.

III. – Les interventions stratosphériques

Elles consistent à disperser des aérosols dans la stratosphère depuis des vecteurs tels des aéronefs, ballons, drones, canons de marine et autres. La procédure la plus débattue est la dissémination de sulfates depuis des avions conçus pour voler au-dessus de l'altitude des lignes commerciales, entre 15 et 25 kilomètres. De toutes les mesures de GRS, voire des ingénieries du climat, il s'agit de la plus controversée. Les analyses consacrées à la géoingénierie se réduisent trop souvent à une critique de l'IAS, ce qui distord la question de l'altération du climat.

Qualifiée d'« option Pinatubo » par Ken Caldeira, l'IAS simule les retombées d'une éruption volcanique lorsque gaz et éjectas restent en suspension dans la troposphère et la stratosphère pendant des mois. L'IAS émule de tels effets à la différence notable que les particules réfléchissantes sont directement introduites dans la stratosphère pour en maximiser le temps de résidence (1-2 ans). Les sulfates sont les principaux candidats à l'injection en raison de leur large disponibilité et de propriétés physico-chimiques plutôt bien maîtrisées par les chercheurs. Toutefois, leur usage comporte des risques (destruction de la couche d'ozone, retombées polluantes, menaces pour la santé humaine, etc.) qui pourraient rendre préférable l'emploi d'autres d'aérosols. La dispersion peut se dérouler soit dans la basse stratosphère (aux alentours de 18 kilomètres d'altitude) ou plus haut (25 kilomètres). La première option est la plus aisée compte tenu de contraintes physiques moindres, notamment sur les aéronefs.

Le principe n'est pas nouveau. Dès 1784, Benjamin Franklin identifia l'effet de refroidissement d'une éruption volcanique, probablement le Laki (Islande). En 1974, Mikhail Budyko imagine altérer le climat en injectant des aérosols dans la stratosphère. En 2006,

Paul J. Crutzen, récipiendaire du prix Nobel de chimie en 1995 et promoteur du concept d'Anthropocène, suggère d'initier des programmes de modélisation de l'IAS ainsi que des tests modestes en extérieur. Il reconnaît les risques induits par la recherche et un hypothétique déploiement. À l'instar d'autres défenseurs de la recherche, il donne la priorité à la réduction des émissions de CO_2, mais note que le fossé de mitigation se creuse. Depuis lors, la perspective d'un recours à l'IAS ne cesse de gagner en consistance. Selon David Keith, la méthode est perçue comme abordable et rapide, tout en demeurant imparfaite.

Abordable tout d'abord, car les coûts de la recherche, du développement et du déploiement semblent modérés, surtout lorsqu'ils sont comparés aux dégâts potentiels du réchauffement ou au fardeau à court terme d'une mitigation agressive. Bien que rudimentaires, les évaluations fournissent des ordres de grandeur utiles. En 2020, l'économiste Wake Smith situait le budget annuel d'un plan d'IAS entre 7 milliards et 71,7 milliards de dollars (6,1 et 62,9 milliards d'euros) en fonction de l'évolution future des émissions ainsi que de la stratégie adoptée (stabiliser le réchauffement, le diminuer de moitié ou l'annuler)[1]. À titre de comparaison, les dépenses du ministère de la défense américain pour 2023 étaient supérieures à 800 milliards de dollars.

Selon les économistes Gernot Wagner et Martin L. Weitzman, cette accessibilité pourrait engendrer

---

1. W. Smith, « The cost of stratospheric aerosol injection through 2100 », *Environmental Research Letters*, vol. 15, n° 11, 2020. Conversion en euros établie sur la base d'un taux de change annuel pour 2020 (1 dollar = 0,8775 euro) calculé par l'auteur à partir des données fournies par l'INSEE.

un effet de *free driver*, traduisible par « conducteur solitaire ». Le concept constitue le pendant du problème du passager clandestin qui affecte la politique internationale du climat. Ce dernier désigne le fait que les États sont tentés de ne pas réduire leurs émissions de GES de manière substantielle, d'en transférer la charge à d'autres pays et ainsi de jouir d'un climat moins menaçant à faible coût. Le principal obstacle à la lutte contre le changement climatique est donc l'existence de puissants incitatifs qui poussent les États et d'autres agents à ne pas coopérer.

A contrario, l'IAS pourrait permettre à un ou plusieurs États ou compagnies privées de manipuler le climat sans le soutien ou l'aval de quiconque. Ils feraient ainsi office de conducteurs solitaires, menant de leur propre chef la modification du climat. Un tel scénario charrie plusieurs dangers. De nouveaux climats seraient imposés à des populations sans leur consentement. Divers agents ou coalitions auraient la possibilité d'impulser des déploiements non coordonnés dont les effets pourraient s'empiler ou se neutraliser, menant à un refroidissement excessif ou, au contraire, imperceptible. Des États pourraient amorcer des mesures de contre-ingénierie afin d'annuler le refroidissement dû aux actions d'un tiers. Une possibilité serait la destruction d'installations à terre ou de vecteurs (par exemple, les aéronefs) utilisés pour injecter les aérosols. Toute initiative isolée pourrait donc engendrer des escalades, voire des conflits. En résumé, si le problème du passager clandestin est d'en faire trop peu, celui du conducteur solitaire est d'en faire trop.

Rapide ensuite, car le déploiement dans la basse stratosphère pourrait débuter d'ici 10 à 20 ans selon le

Programme des Nations unies pour l'environnement, suivi d'un refroidissement perceptible en quelques mois. En dépit d'une maturité incertaine, aucun obstacle majeur ne s'oppose au développement de la technologie. En outre, l'intervention pourrait être interrompue sur-le-champ en cas de dommages intolérables, ses effets s'estompant au bout de quelques mois ou années. Une telle flexibilité représente un avantage, mais aussi un inconvénient puisqu'elle nécessite des vols répétés dans la stratosphère. En outre, une flotte d'aéronefs propulsée par des énergies fossiles émettra d'importantes quantités de GES dont il faudra compenser le forçage par des injections supplémentaires.

La méthode est donc, au mieux, *imparfaite*, au pire inacceptable. Outre le fait de ne pas toucher aux concentrations de GES, de laisser se poursuivre l'acidification des océans, et de pouvoir être menée de manière unilatérale ou minilatérale (c'est-à-dire par quelques entités), l'IAS fait face à d'autres limites et risques substantiels.

Tout d'abord, la probabilité d'un choc d'interruption est non négligeable, ses conséquences désastreuses s'accroissant en proportion de la magnitude du déploiement, c'est-à-dire de l'intensité de la correction thermique. Même en l'absence d'un tel choc, les aérosols pourraient endommager les sols (au travers de dépôts acides et toxiques, en particulier dans des zones jusque-là épargnées par la pollution), l'atmosphère (en détruisant la couche d'ozone) et la santé humaine (maladies respiratoires, cancers de la peau). Il serait toutefois possible de limiter de tels effets par l'entremise d'une coopération internationale poussée et de stratégies ciblées. Par exemple, des injections autour du 60e parallèle nord (zone arctique) durant le seul printemps permettraient de modérer les dégâts imposés à la couche d'ozone ainsi que les retombées nocives.

En outre, l'IAS créera des climats régionaux inédits dont la singularité dépendra de la stratégie d'injection retenue (quantités, localisation et saisonnalité). Le fait que l'IAS n'annule pas le réchauffement, mais provoque l'émergence de nouvelles circonstances la rend insatisfaisante. Si du sulfure était introduit en quantité suffisante pour ramener les températures moyennes globales au niveau préindustriel, les conditions locales (températures, précipitations, courants marins, etc.) divergeraient, parfois de manière significative, de leurs valeurs préindustrielles. La situation climatique dans certaines zones pourrait empirer. Le régime hydrologique pourrait être bouleversé, avec l'affaiblissement possible de la mousson en Asie et en Afrique, causant des épisodes de sécheresse accompagnés de famines. À nouveau, des stratégies d'injection plus ciblées et saisonnières pourraient minorer de tels effets.

Quoi qu'il en soit, l'adaptation sera plus ardue pour les populations déjà vulnérables. L'accumulation de désavantages par ces dernières soulève donc des questions de justice (re)distributive, touchant à la répartition du fardeau et des bénéfices de l'ingénierie du climat. À ces défis s'ajoute le manque de visibilité et de participation de ces populations dans la prise de décision, défaut qui se poursuivra selon toute vraisemblance en cas d'injection stratosphérique. En bref, des injustices de nature procédurale menacent de se superposer à d'autres inégalités et vulnérabilités (cf. chapitre v).

Enfin, selon toute probabilité, les aérosols rendront la lumière plus diffuse, perturbant la photosynthèse et la croissance d'espèces végétales comme le maïs, le soja, le blé, ou le riz. Les perturbations pourraient affecter l'expansion des forêts, la production des cultures, notamment énergétiques, ainsi que l'efficience des panneaux photovoltaïques. La possibilité de telles interactions illustre la nécessité de programmes de recherche sur les effets croisés entre différentes ingénieries du climat.

Du côté des bénéfices attendus, l'IAS amenuisera le stress thermique pesant sur les populations, les animaux, et les écosystèmes. Le rendement des terres pourrait être préservé, en particulier dans les zones tropicales. L'IAS ralentira la fonte des glaciers, des calottes polaires, de la banquise recouvrant l'océan Arctique et *in fine* l'élévation du niveau des mers. La conservation du pergélisol arctique sera cruciale pour prévenir le relâchement massif de CH_4. La fréquence des ouragans et des sécheresses pourrait être abaissée. En outre, une intervention ciblée et saisonnière, par exemple centrée sur les pôles, protégerait la cryosphère tout en minimisant les dommages imposés par les injections.

Dans les rares enquêtes d'opinion, l'IAS souffre de perceptions négatives, parmi les pires. Elle est jugée comme étant non naturelle, risquée, incertaine, aux effets inéquitables. De plus, elle serait susceptible de capture privée ou militaire. Du fait de son accessibilité, de la rapidité de son déploiement et de son efficacité, elle polarise les débats. La vive opposition qu'elle suscite handicape la recherche, laquelle reste cantonnée aux simulations et laboratoires. Depuis une dizaine d'années, de modestes expériences en plein air, ont été annulées sous la pression de l'opinion publique, comme en 2021 en Suède dans le cadre du défunt projet *Stratospheric Particle Injection for Climate Engineering* (SCoPEx). Or, un État ou une entité privée pourrait lancer un programme d'injection sans données scientifiques ni mécanismes de contrôle suffisants, provoquant des crises de gouvernance. La perspective est inquiétante, car, en dépit de son accessibilité, la méthode s'accompagne d'incertitudes, par exemple en relation avec le comportement, la dispersion et la taille optimale des aérosols. Les contours des climats créés par l'IAS demeurent flous, surtout quant au cycle hydrologique (évaporation, humidité des sols, précipitations, débit des rivières) ainsi qu'aux courants et écosystèmes marins. Toutefois, le plaidoyer pour des projets scientifiques ambitieux se heurte à un obstacle majeur : le délai nécessaire pour séparer le signal (les effets de l'IAS) du bruit (la variabilité naturelle et l'impact du changement climatique). Dès lors, toute expérimentation dont l'intention est de clarifier ces incertitudes équivaudrait à un déploiement à grande échelle, ce qui pose un dilemme aux chercheurs désireux de fournir aux décideurs politiques des données solides.

IV. – Les interventions spatiales

Elles consistent à mettre en orbite un objet de large dimension, une myriade d'éléments plus petits tels des miroirs et des voiles ou un nuage de poussière, afin de réfléchir le rayonnement solaire. Plusieurs orbites sont envisageables : terrestre basse (jusqu'à 2 000 kilomètres), géosynchrone (35 786 kilomètres) ou au point Lagrange / Euler 1 (1,5 million de kilomètres).

L'atténuation de près de 2 % du rayonnement pourrait suffire à masquer le réchauffement d'origine anthropique actuel. Le potentiel de refroidissement se situerait aux environs de 2-3 °C.

Autrefois monopole des États, l'industrie spatiale a vécu une mini-révolution lors des dix dernières années. Le fameux « *new space* » a été stimulé par la compétition entre des entreprises comme *Rocket Lab*, *Virgin Galactic*, *Blue Origin* et surtout *SpaceX*. Celle-ci a effectué plus de 40 % des tirs de fusées en 2023. L'effondrement du coût de lancement rend la possibilité d'une intervention spatiale chaque jour moins utopique. Au demeurant, cette implication croissante d'acteurs privés porte en germe des risques de capture (cf. chapitre IV).

La méthode est néanmoins aux prises avec quelques obstacles et inconnues. Tout d'abord, l'altitude optimale de déploiement fait débat. Si des orbites basses sont relativement accessibles et peu onéreuses, elles sont déjà encombrées par une multitude d'éléments, satellites et débris. En outre, des mécanismes de propulsion autonome pour les miroirs ou les voiles seraient nécessaires afin de compenser l'attraction terrestre. Des altitudes plus élevées évitent en partie ces écueils, mais requièrent des ressources supplémentaires pour placer les voiles ou miroirs sur des trajectoires éloignées. De plus, les objets deviendraient plus vulnérables aux vents solaires, qui les dévieront de leur position, exigeant soit des moyens de propulsion autonomes, soit des remplacements réguliers.

De manière générale, le tir d'un nombre important de fusées constituera une source non négligeable de CO_2 et de pollution atmosphérique. Une autre option est d'installer des équipements industriels sur la Lune afin de miner les matériaux nécessaires, construire *in situ* les systèmes réflectifs puis les lancer. Les coûts d'envoi et de placement en orbite en seraient réduits. Une telle stratégie offrirait des effets d'entraînement avec l'exploration spatiale. En outre, les miroirs pourraient produire de l'énergie, laquelle, sous réserve d'une solution technologique, serait ensuite acheminée vers la Terre. Le droit international pourrait toutefois représenter un obstacle. D'une part, la Convention ENMOD peut s'appliquer en cas de soupçons d'usage militaire. D'autre part, même si la nature pacifique de l'intervention était démontrée, l'exploitation de la Lune et d'autres corps célestes est encadrée par le traité sur l'espace (1967) qui interdit toute appropriation nationale de ces objets. Toutefois, des pays comme les États-Unis ont légiféré afin de permettre à leurs citoyens d'acquérir des ressources spatiales à titre privé. Une telle évolution ouvre la voie à une utilisation économique des corps célestes, et donc un déploiement extraterrestre de l'ingénierie du climat, soulignant le risque de capture.

A priori, la méthode peut se prévaloir d'avantages significatifs par rapport à d'autres technologies. Comparés à la foresterie ou la BECSC, ses besoins en ressources naturelles (sols, eau, etc.) paraissent plus modérés, par conséquent moins susceptibles de créer des conflits. Hormis les gaz d'échappement des fusées, la perturbation des écosystèmes semble moindre. Il n'est pas question de répandre des roches, notamment d'origine industrielle, sur les terres ou les océans, de recourir aux produits phytosanitaires ou de stocker du CO_2 dans les couches géologiques. Cependant, toute évaluation d'impact doit se pencher sur l'ensemble de la filière spatiale, incluant par exemple la fabrication des lanceurs et des miroirs, voiles ou réflecteurs. Des installations extraterrestres permettraient de réduire la pression sur les ressources planétaires, mais de telles perspectives demeurent hypothétiques.

V. – La gestion du rayonnement solaire et les politiques du climat

Les méthodes de GRS remplissent d'autres fonctions que celles d'EDC au sein des politiques du climat. Si les secondes visent à hâter la mitigation, voire à abaisser de manière permanente le risque climatique, les premières proposent des approches plus ciblées et circonscrites. Elles ne s'attaquent pas à la cause du changement, mais à l'une de ses manifestations : le réchauffement. Elles n'offrent pas de lutter contre l'acidification des océans, source majeure de perturbation des écosystèmes marins. Dès lors, au sein d'une stratégie efficace et durable, la GRS ne présente, tout au mieux, que des mesures complémentaires à la mitigation et à l'EDC.

Elle peut malgré tout rendre des services inestimables. Les interventions de surface, en particulier urbaines, atténuent la vulnérabilité des populations face au réchauffement. Les méthodes troposphériques, stratosphériques et spatiales, promettent de gagner du temps pour développer les énergies non fossiles et l'extraction des GES. Toutefois, le risque existe que l'humanité s'enferme dans un déploiement dont l'arrêt causerait un choc d'interruption. En effet, les espoirs placés dans l'EDC peuvent ne pas se concrétiser et la décarbonisation tarder. Dans ce cas, des recours à la GRS initialement destinés à être passagers pourraient perdurer pendant des décennies, voire plus.

Enfin, certaines méthodes pourraient être initiées en urgence en cas de catastrophes imminentes. Pour remplir cette fonction, des conditions préalables doivent être posées. D'une part, les technologies concernées doivent pouvoir être employées dans un bref délai, ce qui demande d'investir dans les infrastructures et les vecteurs dès à présent. Elles doivent faire l'objet de programmes de recherche solides afin de mieux comprendre les mécanismes fondamentaux de déploiement (par exemple, l'interaction entre les aérosols) ainsi que les effets directs et indirects (par exemple, l'impact sur les climats régionaux). Le manque d'études robustes pourrait ne pas empêcher une intervention, mais moins une technologie est maîtrisée, les pires sont les dangers. Des outils appropriés de surveillance, sous la forme d'aéronefs et de satellites, sont indispensables, en particulier concernant la formation des nuages dans la troposphère ou le comportement des particules dans la stratosphère. Un tel maillage permettrait également de détecter toute injection illégale.

D'autre part, pour maximiser la chance d'être accepté et efficace, tout programme de GRS nécessite que les entités qui possèdent à la fois la capacité d'ingénierie et la légitimité s'entendent sur le concept de « catastrophe imminente ». En l'absence d'un tel accord, le danger est que tout déploiement suscite des tensions, des mesures de contre-ingénierie, et même des conflits. Enfin, les méthodes de GRS peuvent être utilisées de façon plus modeste, en complément d'une combinaison de mitigation, d'adaptation, voire d'EDC, au sein de politiques dites « hybrides » ou « portfolio ». Elles pourraient aider à préserver la cryosphère pendant une période limitée ou écrêter les pics de chaleur (*peak shaving*).

La GRS ne peut pas remplacer la mitigation ou l'EDC, ce qui explique qu'aucun chercheur sérieux ne la défende en tant qu'unique option. Le consensus est que la mitigation conventionnelle doit demeurer la priorité. En outre, les technologies de GRS sont parfois assimilées à des mesures d'adaptation. La plupart s'en distinguent toutefois. Si l'amélioration de l'albédo de surface peut modérer le réchauffement à l'échelle locale et donc compter comme un outil au service d'une adaptation pérenne, le cas est moins clair pour les autres méthodes. S'il peut être argué que tout dispositif de refroidissement régional ou global relève d'une stratégie d'adaptation, la GRS hors interventions de surface ne renforce pas la résilience face au changement climatique, réchauffement inclus, pour deux raisons. La première est que les techniques troposphériques et stratosphériques sont de nature éphémère, requérant des actions constantes afin de maintenir l'abaissement du forçage. Leur contribution n'est jamais assurée au-delà de quelques jours ou mois. La seconde est que ces technologies ne supportent pas une adaptation de nature durable. Alors que le réchauffement n'est que masqué, les GES continuent de s'accumuler, exacerbant la probabilité et l'intensité de risques catastrophiques en cas d'arrêt brutal du déploiement.

CHAPITRE IV

Craintes, risques et incertitudes

Que le public soit scientifique, informé ou profane, les ingénieries du climat alimentent espoirs et inquiétudes. Les rares enquêtes d'opinion suggèrent que la plupart des technologies sont perçues négativement. Par conséquent, toute tentative ne serait-ce que d'étudier certaines méthodes peut nourrir la défiance à l'égard des chercheurs et des décideurs, ce qui peut contribuer à la montée des populismes. Les quelques expériences menées hors ordinateurs et laboratoires font souvent l'objet d'oppositions et de scandales tels SCoPEx (IAS) et LOHAFEX (fertilisation des océans), surtout si elles relèvent de la GRS. L'acceptation de la recherche est compliquée par la poignée d'initiatives hasardeuses conduites sans contrôle scientifique et politique, à l'image des tentatives de fertilisation de Russ George en Colombie-Britannique (2012) ou d'injection de sulfure de la startup Make Sunsets (2022). Dès lors, la combinaison d'une gouvernance embryonnaire et d'une recherche balbutiante exacerbe les incertitudes et les craintes, dans un contexte où les stratégies de mitigation sont trop modestes pour prévenir des changements dangereux du climat. Malgré tout, certaines méthodes pourraient soutenir de manière utile la réduction des émissions de

GES et l'adaptation, en minimisant les souffrances ou en contribuant à stabiliser le climat. Il est donc crucial de se pencher sur les principales craintes, risques et inquiétudes suscités par les ingénieries du climat.

I. – Un projet prométhéen

Hamilton voit dans l'ingénierie du climat un projet « prométhéen ». Selon la mythologie grecque, Prométhée fut le titan qui vola le feu aux dieux afin de le transmettre aux humains. Zeus le condamna à être attaché sur le mont Caucase et avoir son foie dévoré chaque jour par un aigle, l'organe se régénérant pendant la nuit. Est donc qualifiée de prométhéenne toute entreprise dont l'ambition paraît démesurée, marquée par la prétention humaine de vouloir s'aventurer dans un domaine qui n'est pas le sien. Le mythe suggère que Prométhée a commis une transgression morale majeure, un péché à l'encontre d'un ordre sacré. Sous-jacente est l'idée que la manipulation du climat serait motivée par la même arrogance.

La crainte peut être interprétée de plusieurs façons. L'ingénierie du climat peut être perçue comme contrevenant à la nature, ses lois, ou son évolution. Injecter du sulfure dans la stratosphère, fertiliser les océans ou répandre des silicates sur les sols perturberait de manière inacceptable les écosystèmes. Le problème peut se situer dans l'activité elle-même (caractère intrinsèquement mauvais) ou dans ses conséquences (par exemple la génération de risques intolérables).

Tout d'abord, « aller à l'encontre » de la nature ou plus simplement s'imaginer en apprenti sorcier du climat serait foncièrement mauvais. Outre clarifier en quoi « aller à l'encontre de la nature » serait répréhensible en soi, la crainte suscite d'autres interrogations. Comment définir le concept de nature ? Exclut-il toute interférence humaine ? Si tel est le cas, des activités telles l'agriculture et l'urbanisation seraient inadmissibles, ce qui est absurde. D'autre part, pour former une objection convaincante à l'encontre de l'ingénierie du climat dans son ensemble, l'existence d'une profanation de la nature doit être démontrée pour chacune des techniques. En quoi la foresterie et l'éclaircissement des surfaces urbaines porteraient-ils atteinte à l'ordre naturel d'une façon *inacceptable* ? Que certaines technologies puissent être considérées comme excessivement antinaturelles est concevable, que toutes les méthodes le soient est plus difficile à justifier.

L'ingénierie du climat semble aussi exprimer une arrogance plus profondément enracinée, allant au-delà de la seule profanation de la nature. Au travers de l'entreprise de manipulation du climat, les êtres humains revendiqueraient des savoirs et des compétences qu'ils ne possèdent pas ou ne devraient pas chercher à obtenir. C'est tout le sens de la mobilisation de la figure prométhéenne. Hulme, par exemple, s'oppose à l'ingénierie solaire, en particulier l'IAS, car il y voit une volonté délirante de contrôler le « thermostat global », projet à la fois infaisable et indésirable. L'accusation d'hubris exprime l'idée qu'en altérant le climat, l'humanité s'aventurerait dans un domaine qu'elle ne maîtrise pas. À nouveau, l'objection ne s'applique pas à toutes les interventions. Si la fertilisation marine, la dispersion de silicates sur les océans, l'IAS ou l'installation de miroirs spatiaux semble illustrer une telle crainte, d'autres méthodes paraissent moins concernées. En quoi la foresterie, les techniques culturales simplifiées, l'éclaircissement des surfaces urbaines ou encore la CDAS seraient-ils coupables d'hubris ?

Ensuite, l'argument prométhéen est souvent employé sous une forme conséquentialiste. Le caractère problématique de l'ingénierie du climat résiderait plus dans ses potentiels effets négatifs que dans son essence ou les intentions qui la guident. Entreprise démesurée, elle aurait des conséquences dévastatrices pour les populations et les écosystèmes. Elle aggraverait dans des proportions inacceptables les risques et l'incertitude (efflorescences algales toxiques, fuites abruptes du CO_2 stocké, choc d'interruption, nouveaux climats), la pollution (engrais, produits phytosanitaires, acide sulfurique) ou l'épuisement des ressources naturelles (terres, eau). Des méthodes comme l'IAS ou la fertilisation des océans ne seraient pas simplement critiquables en soi, mais également à cause de leurs effets. Distincte de celle qui porte sur l'essence de l'ingénierie du climat, cette crainte est abordée dans la dernière section de ce chapitre.

II. – La compensation du risque

Une autre crainte est que la mise en branle d'une ou plusieurs méthodes ou la simple possibilité d'un déploiement amoindrissent le sentiment d'urgence parmi les populations et gouvernements. En bref, l'ingénierie du climat serait une « techno-solution », réponse illusoire à un problème social complexe, laquelle pourrait entraver la transition vers des énergies vertes ainsi que la réduction des émissions de GES. Dans un rapport publié en 2018, l'*European Academies Science Advisory Council* (EASAC), organe de coopération entre académies des sciences européennes, observait une telle dynamique déjà à l'œuvre chez les décideurs politiques. L'institution considérait que le manque de mitigation s'expliquait par la croyance que l'EDC pourrait à terme corriger les émissions passées. De manière générale, l'inclusion de ces méthodes dans les scénarios conduirait à relativiser la menace climatique ainsi que les efforts nécessaires pour s'en prémunir. En fin de compte, la foi placée dans l'EDC pour la mitigation ou dans la GRS pour la lutte contre le réchauffement rend plus probable le dépassement du budget carbone. Les répercussions seraient terribles, en particulier si les technologies d'EDC ou de GRS se révèlent moins efficaces que prévu.

La fuite en avant dans des pratiques périlleuses, conséquence d'un sens de sécurité illusoire, est souvent caractérisée d'aléa moral, par exemple dans le rapport de la Royal Society. Emprunté au domaine de l'assurance, le terme s'appliquait à l'origine aux personnes jugées immorales, c'est-à-dire présentant de « mauvais risques » pour la communauté, sous la forme de comportements dissolus. Il décrit désormais l'adoption opportuniste de conduites plus hasardeuses au sein d'un système assurantiel en réponse à la mutualisation du fardeau financier du risque. Les choix périlleux de certains sont ainsi subventionnés par le reste du groupe. À l'injustice subie par les prudents payant pour les téméraires s'ajoute l'inefficience dans la gestion des risques, les pertes de l'assurance augmentant du fait de la prolifération des pratiques audacieuses stimulées par la collectivisation du risque.

L'application du concept d'aléa moral aux ingénieries du climat fait débat[1]. Sans entrer dans le détail, nombre d'auteurs reconnaissent que les comportements s'ajustent au risque perçu. Si celui-ci s'abaisse, les individus adoptent alors des pratiques auparavant jugées trop hasardeuses. Toutefois, l'existence d'une compensation du risque pour les ingénieries du climat n'est pas avérée. Il n'est pas démontré que la simple possibilité de manipuler le climat entraîne une attitude plus laxiste à l'égard de la mitigation ou du changement climatique. Au contraire, la perspective d'un déploiement, en particulier de méthodes controversées telle l'IAS, pourrait être suffisamment anxiogène pour convaincre populations et gouvernements de s'engager dans une mitigation ambitieuse. Toutefois, les études manquent. Vu que ces technologies ne sont pas encore employées ou analysées de manière extensive, les infléchissements comportementaux ne peuvent pas faire l'objet d'observations directes.

III. – La dépendance au sentier

Alors que la compensation du risque résulte d'ajustements comportementaux, les phénomènes d'enfermement ou de verrouillage sont le fruit de dynamiques technologiques et institutionnelles profondes.

1. B. Hale, « The World That Would Have Been : Moral Hazard Arguments Against Geoengineering », in C.J. Preston (dir.), *Engineering the Climate : The Ethics of Solar Radiation Management*, Lahman, Lexington Books, 2012, p. 113-131.

La crainte est d'initier un sentier de développement techno-industriel sous-optimal et dangereux sans possibilité d'en infléchir le cours. La recherche et le recours aux ingénieries du climat créeraient les conditions pour une fuite en avant dans l'usage des énergies fossiles, la manipulation du climat ou les deux. De manière concrète, l'humanité se retrouverait engagée sur une ou plusieurs pentes glissantes. L'approbation d'une action ou d'une situation bénigne dans le présent l'obligerait à accepter des actions ou des situations plus problématiques dans le futur.

Parmi les différents types de glissement, deux suscitent l'appréhension. En premier lieu, tout projet de recherche créerait des incitatifs, plus ou moins puissants, pour un déploiement futur. Cette crainte est particulièrement forte pour l'IAS. D'autre part, consentir à la recherche ou au déploiement d'une méthode en apparence inoffensive, tel l'éclaircissement des nuages marins, pousserait à la recherche ou au déploiement de méthodes plus contestables telles l'IAS. S'il est indéniable que débuter la recherche pourrait favoriser le développement de l'ingénierie du climat, les glissements ne sont pas inéluctables. Ils peuvent être jugulés au travers de protocoles stricts. Une solution consisterait à imposer des contrôles d'étapes sanctionnées par des rampes de sortie. Ces évaluations pourraient être menées de manière indépendante par des scientifiques, voire complétées par des outils participatifs à destination des parties prenantes comme des groupes de discussion. Tout examen négatif actionnerait des stratégies préétablies de sortie pour interrompre la recherche, le développement ou le déploiement d'une méthode.

Quant aux menaces de verrouillage, les deux principales inquiétudes sont l'enfermement dans le carbone et l'enfermement dans le déploiement. Le premier désigne des situations dans lesquelles le recours à l'ingénierie du climat conduirait au maintien des énergies fossiles. L'EDC paraît plus propice à un tel risque vu que la GRS n'influe pas sur les émissions et concentrations de GES. Comme nombre de techniques, à l'instar de l'IAS et des interventions troposphériques, exigent des actions continues, les populations pourront difficilement négliger les dangers de l'accumulation des GES et la nécessité de décarboner. Enfin, la menace d'un choc d'interruption exercera une pression supplémentaire pour rompre la dépendance aux énergies fossiles.

En revanche, la crainte à l'égard de l'EDC semble justifiée. Outre le fait que l'EDC puisse apparaître comme une technosolution, certaines méthodes ne doivent leur existence qu'à la perpétuation des énergies fossiles. Elles contribueraient donc à la persistance du problème. La CSC en est l'illustration emblématique puisqu'elle parasite des installations émettrices de CO_2. Qui plus est, son expansion aboutira au maintien d'usines et centrales électriques alimentées par les énergies fossiles, qui autrement auraient été décommissionnées, et permettra la construction de nouveaux équipements industriels basés sur le carbone. En outre, elle créera un secteur économique dédié à la production, la mise en place et l'entretien de systèmes de capture. Ces entreprises auront un intérêt objectif à la persistance d'un modèle économique s'appuyant sur le carbone. La BECSC présente une dynamique similaire, car elle repose sur la combustion de biomasse, laquelle dégage du CO_2. Elle s'en distingue néanmoins en ce qu'elle contribue au retrait du CO_2 de l'atmosphère en utilisant la photosynthèse tandis que la CSC capte le CO_2 d'origine fossile, c'est-à-dire issu des couches géologiques. Le danger d'un verrouillage paraît moins évident pour d'autres technologies d'EDC comme la foresterie, la CDAS ou la fertilisation des océans.

De son côté, l'enfermement dans le déploiement traduit la crainte qu'une fois initiées, certaines méthodes seront difficiles à interrompre, même au prix de souffrances humaines et de dégâts environnementaux majeurs. L'EDC pose un tel danger, en particulier si les énergies fossiles ne sont pas abandonnées au plus vite. Des interventions délétères (comme une fertilisation désordonnée et à large échelle des mers) pourraient être malgré tout menées afin d'éviter une instabilité climatique accrue. La compensation du risque à grande échelle combinée au maintien d'une industrie fossile obligerait les États à investir massivement et rapidement dans l'EDC, ce qui représente une stratégie incertaine. Les méthodes de GRS, en particulier troposphériques, stratosphériques et spatiales, s'accompagnent des menaces les plus sérieuses d'enfermement dans le déploiement. En effet, la perspective d'un choc d'interruption constituerait un incitatif puissant pour persévérer dans l'amélioration de l'albédo, y compris en présence de souffrances et dommages majeurs. Les effets néfastes d'un arrêt soudain grimpant avec la durée et l'intensité de l'intervention, les modalités du verrouillage se raffermiraient avec le temps.

Les deux types d'enfermement suscitent des enjeux de justice intergénérationnelle du fait de la dépendance au sentier. Cette dernière caractérise des situations dans lesquelles des choix technologiques, industriels ou institutionnels, renforcés par les circonstances, conditionnent la perpétuation de telles options dans le temps et, *a contrario*, réduisent les chances d'adopter des alternatives. Les normes électriques (tension de 230 volts) ou de circulation automobile à droite en sont des instances. Au travers de la décision d'étudier, de développer et de déployer (ou pas) certaines méthodes d'ingénierie, une génération donnée détermine le contexte de choix des générations suivantes. Par exemple, les investissements actuels dans les énergies décarbonées influent sur leur accessibilité ultérieure et l'existence d'une industrie verte viable. De la même manière, l'essor ou la stagnation de certaines technologies définira les options accessibles aux générations futures pour lutter contre le changement climatique. Dit autrement, ces dernières seront captives dans une plus ou moins grande mesure de décisions antérieures.

En soi, il n'est ni surprenant ni *a priori* problématique que des financements lourds et continus sur plusieurs décennies façonnent des dépendances au sentier. Un souci émerge quand l'ampleur et les implications de cette influence ne sont pas reconnues par ceux qui modèlent le contexte de choix futur. Au regard de l'ingénierie du climat, un tel conditionnement peut se révéler dommageable lorsque les générations présentes abusent de leur position temporelle privilégiée pour imposer des décisions qui servent leurs intérêts immédiats au détriment de ceux des êtres à venir. Le philosophe américain Stephen Gardiner y voit une instance de corruption morale (cf. chapitre v). En plus de devoir « nettoyer » les GES émis par celles qui les ont précédées, les générations futures pourraient devoir gérer les conséquences de l'enfermement dans le carbone, dans le déploiement ou les deux à la fois.

IV. – Les captures

La quatrième catégorie rassemble les craintes d'appropriation indue et de dévoiement. Les ingénieries du climat pourraient être accaparées par divers groupes (technocratiques, privés, militaires ou puissances aux visées impérialistes) au détriment du bien public[1] ou des intérêts de certaines populations, surtout parmi les plus vulnérables. De telles craintes posent la question de la légitimité de l'usage et de la finalité des différentes technologies. Plusieurs types de capture sont redoutés.

1. **La capture techno-scientifique.** – L'ingénierie du climat pourrait être instrumentalisée par des scientifiques ou des technocrates peu portés à promouvoir l'intérêt du plus grand nombre. L'inquiétude est aggravée par la perception, répandue, que les chercheurs joueraient aux apprentis sorciers avec le climat. Cette image plutôt injuste est renforcée par la longue histoire de tentatives humaines qui ont visé à influencer la nature, par exemple au travers de rituels de pluie ou de l'ensemencement des nuages pour provoquer des précipitations. La crainte est amplifiée par le manque d'imputabilité, tant du côté des scientifiques que des technocrates, causé par la faiblesse du cadre juridique entourant la modification du climat. Enfin, le contrôle

1. Le concept de bien public fait l'objet de débats. Sans entrer dans les détails, un bien public a la particularité d'engendrer de larges retombées positives, y compris pour des individus qui n'ont pas contribué à sa fourniture.

démocratique est mince. Les populations ne sont que peu au fait des recherches alors que des institutions dédiées peinent à émerger, faisant redouter toutes sortes d'abus.

Toutefois, le défaut de réglementation et de gouvernance ne signifie pas que les chercheurs ou les technocrates bénéficient d'un blanc-seing. Des lois et traités internationaux à l'image des conventions de Londres et ENMOD s'appliquent malgré tout, ne serait-ce qu'à la marge. À l'instar de la Conférence des parties à la Convention sur la diversité biologique, des organisations internationales se sont saisies du sujet. En outre, la vigilance des médias ainsi que la mobilisation des citoyens peuvent faire obstacle à certains projets (par exemple, SCoPEx). Enfin, les scientifiques sont soumis à ce qu'Aarti Gupta et Ina Möller qualifient de « gouvernance *de facto* » fondée sur les évaluations d'experts et de sociétés savantes hors du cadre étatique. Comme présenté au prochain chapitre, des normes ont été élaborées par la communauté scientifique pour encadrer les activités de recherche ainsi que d'hypothétiques déploiements. Les initiatives les plus connues sont les principes d'Oxford (2013). L'autorégulation n'est pas une panacée. Elle demeure sujette aux conflits d'intérêts et n'est pas garantie par une autorité internationale de surplomb. Toutefois, cela indique que les chercheurs ne sont pas livrés à eux-mêmes. De leur côté, les technocrates semblent jouir de plus de latitude, expliquant la crainte de capture. Cependant, les signes d'un accaparement ne sont pas visibles.

2. **La capture privée.** – La catégorie rassemble les craintes relatives à l'appropriation de la modification

du climat par des entités privées comme des entreprises ou des fondations pour leur seul profit. La capture peut revêtir deux formes, parmi d'autres. La première, subtile, consiste en un *lobbying* dans le but d'obtenir des avantages indus, tels que handicaper des compétiteurs ou bloquer l'émergence de méthodes concurrentes. Les institutions de régulation peuvent être incitées à favoriser des techniques moins efficaces ou plus dangereuses que des alternatives faisables. La seconde, plus radicale, consiste en une privatisation des technologies, par exemple au travers d'un accaparement par les brevets (*patent land grab*). Celui-ci est typique des technologies naissantes (comme Internet au début des années 2000) lorsque des acteurs multiplient les dépôts de brevet, y compris sur des mécanismes ou produits mal maîtrisés, afin de fermer le marché à la compétition. Les principes d'Oxford répondent à une telle crainte en imposant de gérer l'ingénierie du climat comme un bien public (principe 1) et à diffuser largement les résultats de la recherche (principe 3) (cf. chapitre v). Une autre capture potentielle réside dans la GRS spatiale avec la domination croissante d'entreprises privées, surtout *SpaceX*, dans le lancement des fusées.

Comme pour tout projet industriel ambitieux ou innovation majeure, le risque de capture privée existe. Cependant, pour que le risque soit sérieux, l'activité doit être lucrative, au moins à moyen terme. Dans le cas de l'EDC, la faiblesse des marchés du carbone handicape la rentabilité de nombre de techniques, bien que le prix du carbone ne cesse de grimper depuis quelques années. De son côté, la plupart des méthodes de GRS souffrent *a priori* d'un manque de profitabilité qui impose un subventionnement public massif. Sans que cela soit totalement exclu, il semble donc peu probable qu'un marché privé fasse son apparition à moyenne échéance pour les opérations troposphériques, stratosphériques et spatiales. Des compagnies s'engagent toutefois dans le développement de services d'ingénierie à destination des États et des organisations internationales. L'accessibilité de l'IAS en fait un candidat privilégié. Nombre d'acteurs y investissent pour bâtir des capacités d'intervention d'ici 15 à 20 ans. L'objectif est de préparer une position dominante lorsque le marché de l'amélioration de l'albédo stratosphérique deviendra mature. La menace de dérives monopolistiques ou de privatisation pourrait être modérée par un interventionnisme public plus substantiel. Les gouvernements pourraient réglementer de manière plus étroite le secteur. Ils pourraient aussi prendre une part plus active au financement de la recherche afin d'éviter un accaparement, notamment au travers des brevets. Cependant, l'opposition de larges pans de l'opinion à l'altération du climat, sous presque toutes ses coutures, éloigne la perspective d'une implication plus poussée des États. L'impasse dans laquelle se trouve la régulation semble donc renforcer la probabilité de capture.

3. **La capture militaire.** – La troisième crainte est celle d'un accaparement des technologies à des fins militaires. La raison d'être de la Convention ENMOD est d'ailleurs de bannir ce type d'usage. Cette singularité dans le champ de la régulation de l'ingénierie du climat démontre que le danger n'est pas pris à la légère. Cependant, la question fondamentale est de déterminer si la menace est réaliste. Une inspection attentive

des différentes méthodes indique que la perspective est improbable, mais pas impossible. Dans le cas de l'EDC, l'emploi de la capture et la séquestration du CO_2 à des fins militaires est difficile à imaginer. Parmi les rares options, la météorisation et la fertilisation en mer pourraient servir à polluer ou à provoquer des proliférations toxiques dans les eaux territoriales ennemies. Mais pour que cela ait un intérêt, il est nécessaire de s'assurer de l'impact opérationnel, tactique ou stratégique sur l'adversaire. Il est également crucial que les effets ne débordent pas du territoire de ce dernier pour affecter des pays neutres ou alliés.

De prime abord, la GRS, hors interventions de surface, semble plus se prêter à des usages militaires. Un gouvernement pourrait décider de se lancer dans un vaste programme d'IAS et ainsi infliger sécheresses, inondations, et vagues de froid à un rival. Le souci est que l'IAS, tout comme les méthodes troposphériques et spatiales, est encore mal comprise et pas du tout maîtrisée. Dans l'état actuel d'avancée technologique, la collecte d'informations sur les impacts réels prendra plusieurs décennies. De plus, il semble difficile, voire impossible, de circonscrire les effets à un territoire donné, car les particules, une fois injectées dans la stratosphère, se dispersent aussitôt sous l'action des courants d'altitude. Il est donc douteux que l'IAS, et plus généralement la GRS, puisse constituer un arsenal efficace, tout au moins à moyen terme. Cependant, rien n'indique qu'à plus long terme certaines méthodes ne puissent pas aider des buts militaires. Sans directement servir de telles finalités, certaines techniques pourraient causer des escalades diplomatiques, des réponses, elles, de nature militaire (interventions armées, destruction d'installations) ou des mesures de contre-ingénierie. Ces dernières pourraient consister en l'injection d'aérosols pour accentuer ou annihiler le refroidissement. Au sens propre, il ne s'agit pas d'une capture militaire, mais plutôt de la contribution de ces méthodes à l'exacerbation de la conflictualité interétatique.

4. **La capture impérialiste.** – L'ingénierie du climat pourrait être utilisée par des puissances de premier ordre (États-Unis, Union européenne, Chine, Russie) à des fins de domination politique ou économique. La place prépondérante des scientifiques et des institutions de recherche basés dans les pays industrialisés, en particulier en Amérique du Nord, nourrit de telles craintes. Outre un monopole *de facto* exercé sur le contenu et les buts de la recherche, les projets pourraient favoriser, de manière plus ou moins délibérée, les intérêts des nations occidentales au détriment de populations plus fragiles. Les effets disparates qui accompagnent certaines méthodes rendent palpable la perspective d'un transfert aux groupes vulnérables des dommages de l'altération du climat.

De ce point de vue, les simulations d'IAS sont soumises à de vives critiques[1]. L'une d'elles est qu'elles tendent à se focaliser sur les températures et les précipitations au détriment de variables cruciales pour les pays moins avancés tels les courants marins. La quasi-invisibilité des scientifiques originaires du Sud amplifierait les biais pro-occidentaux des activités de recherche (cf. chapitre v). Si cette absence est

1. D. McLaren, « Whose climate and whose ethics ? Conceptions of justice in solar geoengineering modelling », *Energy Research & Social Science*, vol. 44, 2018, p. 209-221.

globalement avérée pour la GRS, malgré des tentatives isolées de renforcement de capacités à l'image de *Degrees Initiative*, l'asymétrie est moins nette pour l'EDC. Des pays comme le Brésil, la Chine, l'Inde ou l'Indonésie se muent peu à peu en acteurs centraux de la recherche, surtout en relation avec la foresterie, le biochar et la capture de CO_2 dans les sols. Malgré tout, les intérêts vitaux des habitants du Sud ne sont que partiellement pris en compte. Pire, l'ingénierie du climat pourrait servir à renforcer l'emprise exercée par quelques États sur des zones déjà désavantagées.

À première vue, l'EDC ne semble pas exposée au risque d'un usage impérialiste. Les nations industrielles peuvent toujours monopoliser des techniques telles la BECSC ou la CDAS, mais en exclure les pays les moins avancés handicapera la mitigation, et donc l'ensemble de la population mondiale. Cependant, il demeure possible que les effets négatifs de certaines technologies soient externalisés. Des activités potentiellement dangereuses à l'image de la fertilisation des océans, l'épandage de silicates ou l'enfouissement de larges quantités de CO_2 pourraient être imposés à des zones défavorisées pour le « bien de l'humanité ». En outre, des méthodes comme la foresterie ou de la BECSC accentuent les pressions sur l'accès aux ressources naturelles (eau, terres, etc.). Dès lors, le risque est réel de miner le développement durable dans des régions démunies, et de créer des liens de dépendance plus impérieux à l'égard d'acteurs divers (État, pays industriels, organisations internationales, etc.).

La GRS présente des dangers plus prononcés. Du fait d'importants effets disparates, les technologies troposphériques, stratosphériques et spatiales créeront des gagnants et des perdants. Les conséquences positives et négatives de la modification de l'albédo seront réparties de manière inégale. À nouveau, les modèles suggèrent que les communautés défavorisées, en particulier dans les zones les moins avancées, seront particulièrement affectées. Par exemple, l'IAS pourrait déstabiliser la mousson dans le sous-continent indien et en Afrique de l'Ouest. Le contrôle de la recherche, du développement et du déploiement par les pays du Nord pourrait exacerber la concentration sur des régions pauvres du fardeau de l'ingénierie solaire. La relative absence de ces dernières des débats publics pourrait aggraver l'accumulation de désavantages. Tout pays doté de capacités d'IAS pourrait choisir une stratégie d'injection qui maximise les bénéfices qu'il en retire au détriment d'autrui.

Toutefois, une précision s'impose. Considérer que le Sud désigne des populations aux intérêts identiques est réducteur. Des pays comme la Chine ou l'Inde se distinguent des nations pauvres d'Afrique, d'Asie ou d'Amérique du Sud. Les premières deviennent des actrices incontournables de l'ingénierie du climat, dotées de capacités académiques et industrielles. Leur vulnérabilité à l'égard des nations industrielles est donc moindre. De plus, rien ne garantit que leurs intérêts soient alignés sur ceux de pays plus défavorisés.

Comme abordé dans le prochain chapitre, la situation est préoccupante. Les populations en général ne sont ni informées ni incluses de manière adéquate dans les projets scientifiques, y compris dans les enquêtes d'opinion. Le problème est d'autant plus éloquent pour les groupes démunis. Ces manques procéduraux créent une double menace. Tout d'abord, des interventions pourraient être menées au bénéfice des habitants des nations industrielles et au détriment de ceux de zones moins fortunées. Ensuite, l'inégale répartition des effets de la modification de l'albédo ne pourrait donner lieu à aucune correction. Une telle possibilité souligne le caractère crucial de mécanismes de redistribution soutenus par des institutions légitimes comme préalables à la mise en œuvre de l'ingénierie du climat.

V. – Des conséquences inacceptables

La dernière inquiétude réside dans d'éventuelles répercussions néfastes au niveau planétaire. Celles-ci pourraient prendre la forme de pollutions accrues (résidus miniers pour la météorisation, engrais pour les cultures énergétiques, retombées acides pour l'IAS), de conditions météorologiques dangereuses (inondations, sécheresses), de perturbation des écosystèmes (algues toxiques, impact du biochar sur l'activité microbienne des sols, destruction des habitats naturels du fait de la reforestation ou de la culture intensive de plantes énergétiques) ou d'épuisement de ressources (terres agricoles, eau). L'évaluation des répercussions potentielles des différentes méthodes, par exemple sur les objectifs de développement durable (ODD) des Nations unies, demeure balbutiante. Au-delà de ces menaces, la crainte fondamentale est que les interventions accentuent l'incertitude climatique. À la différence des risques, qui sont des incidents pour lesquels des probabilités peuvent être calculées, l'incertitude qualifie des événements dont les probabilités ne peuvent pas être estimées ou dont la possibilité est inconnue.

Cependant, n'importe quelle stratégie, avec ou sans ingénierie, s'accompagne de risques et d'incertitudes. Une approche centrée sur une mitigation menée de façon agressive occasionnera d'importantes souffrances, en particulier si elle prend la forme d'une décroissance brutale ou si les énergies vertes ne sont pas largement disponibles. À terme, la réalisation des objectifs posés par la CCNUCC d'« accès équitable au développement durable », d'« élimination de la pauvreté » et de « sécurité alimentaire » pourrait être menacée. De son côté, une réduction trop modeste des émissions de GES intensifiera la dangerosité du climat, provoquant des catastrophes. Enfin, toute approche hybride mêlant mitigation, adaptation ainsi qu'un éventail d'ingénieries s'accompagnera de répercussions néfastes. Nulle stratégie ne peut donc garantir des gains nets, ou tout au moins aucune dégradation, dans tous les domaines et cela pour tout le monde. Dans ces conditions, la crainte n'est pas que les techniques d'ingénierie causent des dommages et désastres, mais que ceux-ci soient pires qu'en l'absence de modification du climat. L'intégration de méthodes d'EDC et ou de GRS détériorait les effets *nets* (avantages / désavantages) des stratégies climatiques.

Néanmoins, une telle vue tient pour acquis que les portfolios de mesures peuvent faire l'objet d'une analyse comparée sur la base d'une optimisation des coûts et bénéfices. Cette approche comptable ne répond toutefois pas à la crainte fondamentale. Celle-ci porte sur l'approfondissement inacceptable de l'incertitude causé par certaines méthodes en comparaison d'un monde sans ingénierie du climat. La raison est que, par définition, l'incertitude paraît échapper à une maximisation de nature probabiliste. Le spectre de nouveaux climats dont les contours demeurent flous entretient cette peur. La géoingénierie dans son ensemble ou des technologies en particulier représenteraient alors un pari inadmissible aux conséquences possiblement catastrophiques pour des gains chimériques. De ce point de vue, le principe de précaution qui impose de « prévoir, prévenir ou atténuer les causes des changements climatiques et en limiter les effets néfastes » (CCNUCC, article 3) pourrait être interprété comme proscrivant l'emploi de l'ingénierie ou, tout le moins, de certaines méthodes. Toutefois, un tel impératif est de nature équivoque soumis à des compréhensions divergentes, parfois antagonistes, comme le démontrent les travaux de Cass Sunstein[1] ou de Daniel Steel[2]. Il pourrait par exemple être utilisé pour justifier des programmes ambitieux de modification du climat, y compris de GRS.

In fine, la manipulation du climat charrie la peur d'une catastrophe planétaire, c'est-à-dire d'un désastre qui menacerait la survie des sociétés humaines et des écosystèmes. L'émergence de nouveaux climats est une source d'inquiétude, mais c'est surtout la possibilité d'un choc d'interruption qui alimente l'angoisse. Toutes les méthodes ne sont toutefois pas porteuses de tels dangers. Si la GRS troposphérique, stratosphérique ou spatiale peut bouleverser de manière soudaine les conditions climatiques, l'amélioration de l'albédo de

1. C.R. Sunstein, *Laws of Fear : Beyond the Precautionay Principle*, Cambridge, Cambridge University Press, 2005.
2. D. Steel, *Philosophy and the Precautionary Principle : Science, Evidence, and Environmental Policy*, Cambridge, Cambridge University Press, 2015.

surface n'est *a priori* pas concernée. Nouveaux climats et choc d'interruption ne sont pas les seules menaces. Bien qu'infime, la possibilité d'une fuite massive mortelle du CO_2 stocké géologiquement n'est pas nulle. Le drame du lac Nyos au Cameroun en 1986 en offre un exemple. À ces menaces découlant directement de l'ingénierie du climat s'ajoutent des dangers plus distants. Le principal est celui d'un dépassement du budget carbone, contrecoup de la compensation du risque et de la dépendance au sentier. Il s'agirait alors d'un désastre planétaire, lequel aurait été causé par les promesses non tenues de l'ingénierie du climat.

Le spectre d'effets inacceptables soulève une question de fond : l'humanité est-elle capable d'altérer et d'administrer le climat pour le bienfait du plus grand nombre ? L'anémie du débat public sur le sujet entretient le doute. En outre, le climat pourrait être modifié avec peu de contraintes, dans un quasi-vide de gouvernance. L'humanité semble donc s'engager à tâtons dans une expérimentation de dimension planétaire sans réellement l'avoir décidé ni préparé et sans plus se soucier des implications en matière de justice globale.

CHAPITRE V

Justice et gouvernance

Les ingénieries du climat s'accompagnent d'une multitude de défis moraux, légaux et politiques alors que la régulation n'est que fragmentaire. Au cours des dernières années, l'EDC semble toutefois attirer un intérêt, qui demeure timide, de la part de certains États et institutions internationales à l'image de la Commission européenne. Dès lors, sans être tout à fait livrés à eux-mêmes, les chercheurs conduisent souvent leurs projets dans un cadre réglementaire, flou ou élastique, dépourvu de directions qu'une stratégie nationale fournirait. La modification du climat exige cependant une régulation et des institutions plus robustes pour plusieurs raisons. Tout d'abord, des techniques sont déjà employées, à l'instar de la foresterie, du biochar, de la BECSC ou de l'amélioration de l'albédo urbain. Il est donc nécessaire de coordonner ces initiatives. Ensuite, les investissements dans les énergies fossiles se poursuivent, compromettant la lutte contre le changement climatique. Par exemple, le parc mondial de centrales à énergies fossiles, existant et en projet, promet à l'humanité un dépassement du plafond de 2 °C. En outre, des secteurs sont difficiles à décarboner, tels que le transport aérien et la production de ciment. Ces émissions « résiduelles » devront être compensées par l'EDC.

De manière paradoxale, si la régulation demeure balbutiante, le principe d'altérer le climat est accepté par la plupart des États et organisations internationales. L'EDC est incluse dans les scénarios du GIEC. Encore taboue il y a quelques années, la GRS émerge comme un instrument possible. Le Programme des Nations unies pour l'environnement lui a même dédié un rapport en 2023. L'idée s'impose que le respect de l'accord de Paris, l'achèvement de la neutralité carbone en 2050, voire la protection des populations contre le réchauffement, requièrent le concours d'ingénieries. L'éventualité se renforce au fur et à mesure que la mitigation prend du retard. La seconde édition de *The State of Carbon Dioxide Removal* anticipe une possible aggravation du déficit d'EDC, calculé sur la base du volume d'extraction de CO_2 et autres GES nécessaire pour demeurer en deçà du plafond de 2 °C auquel sont retranchées les capacités d'EDC planifiées par les États. Le déficit annuel passerait de 0,9-2,8 Gt de CO_2 en 2030 à 0,4-5,4 Gt en 2050. La séquestration requise pourrait alors s'élever à 7-9 Gt/an. D'autres estimations placent de tels besoins aux alentours de 10-15 Gt/an. En comparaison, la capture effective se situait à près de 2 Gt/an en 2023.

Outre les craintes évoquées au chapitre précédent, tout projet d'ingénierie est aux prises avec des enjeux de justice. Le premier est de nature distributive : qui est, ou sera, affecté par une méthode donnée, et de quelle façon ? Il est alors essentiel d'identifier des mécanismes de redistribution qui pourraient lisser des effets trop disparates. Le second est procédural : qui doit prendre part, et de quelle manière, aux décisions relatives à la recherche, au développement et au déploiement de ces méthodes ? L'ingénierie du climat ne doit pas être un *deus ex machina*, imposé aux populations par des élites. Les risques d'injustices et d'instabilité sont trop élevés. Le troisième et le quatrième ont trait aux générations futures et à l'environnement, qui sont à la merci des choix pris au présent. Les questions distributives, procédurales, intergénérationnelles et environnementales soulignent l'urgence d'établir des structures de gouvernance soutenues par une coopération internationale *a minima*.

I. – La justice (re)distributive

Les ingénieries du climat produisent et produiront des impacts disparates. Des populations en bénéficieront, d'autres en souffriront, et cela dans des proportions variables. Se posera alors la question de la gestion équitable de tels effets. Dans certaines régions, la réalisation des ODD sera mise à mal. Le défi tient au fondement de la politique internationale du climat. Depuis la conférence de Rio (1992), celle-ci repose, non seulement sur la prévention de « toute perturbation anthropique dangereuse du système climatique », mais aussi sur des impératifs de sécurité alimentaire, de réduction de la pauvreté et de développement durable.

1. **Des effets disparates.** – Les impacts hétérogènes des ingénieries du climat créent des enjeux à la fois *distributifs*, relatifs à l'acceptabilité des effets asymétriques, et *redistributifs*, quant à la possibilité de rééquilibrer de tels effets. Ces enjeux soulignent le fait que l'ingénierie doit être soumise à des contraintes de justice, dont la finalité est d'éviter que les avantages et désavantages

se concentrent sur quelques groupes, surtout parmi les plus défavorisés.

Les débats portant sur l'acceptabilité d'une méthode (X) négligent souvent les aspects (re)distributifs, l'évaluation se limitant aux effets totaux nets. En règle générale, (X) est considérée comme permissible si elle promet des gains plus élevés que les dommages. Pour être complète, l'analyse doit néanmoins incorporer des dimensions comparative *et* distributive. Sur le plan comparatif, les gains nets (gains / dommages) de (X) doivent être supérieurs à ceux offerts par les alternatives faisables (par exemple, le *statu quo* ou une mitigation agressive). Du fait du fossé de mitigation, la situation pourrait se dégrader à un tel point que toutes les stratégies disponibles à un moment donné s'accompagnent de pertes nettes. Dans ce cas, le fait que (X) s'accompagne de souffrances et préjudices nets, ne le disqualifie pas forcément. (X) peut malgré tout constituer un moindre mal en comparaison de stratégies aux conséquences pires.

De son côté, la dimension distributive soulève les interrogations suivantes : qui bénéficie / souffre, de quoi ? Dans quelle proportion ? Pourtant, le risque existe bel et bien que (X) impose des souffrances telles à certains groupes qu'il soit difficile de la justifier, y compris en cas de gains nets supérieurs (ou pertes nettes inférieures) à d'autres méthodes. Les préjudices peuvent être si concentrés, en particulier sur des communautés démunies, qu'il pourrait être préférable de ne pas recourir à (X). (X) peut aussi ne profiter qu'aux groupes privilégiés du Nord tout en détériorant les conditions de vie dans le Sud. Par exemple, l'IAS modifiera les climats locaux, ce qui pourrait causer des sécheresses à répétition surtout en Afrique et dans le sous-continent indien. De telles disparités forment le socle d'un argument de poids contre l'IAS. Pour écarter (X), il faut alors démontrer que toute correction ou indemnisation de ces préjudices est impossible ou extrêmement difficile. Toutefois, le fait que les « perdants » de (X) subissent des dommages plus grands sans espoir de compensation de la part des « gagnants » offre une raison sérieuse, mais pas imparable, de préférer une alternative aux effets moins asymétriques. En bout de compte, (X) peut permettre d'abaisser les probabilités d'une catastrophe planétaire, et donc représenter un moindre mal.

2. **Les besoins de l'extraction du dioxyde de carbone.** Un bref tour d'horizon des principales technologies confirme l'importance des questions (re)distributives. Tout d'abord, si les bénéfices de l'EDC (réduction des concentrations de GES, conditions climatiques plus clémentes) sont également répartis à travers le globe, cela n'est pas le cas pour les circonstances de son déploiement. Par exemple, de larges quantités de ressources (terres, eau, nutriments) seront requises pour mettre en œuvre les méthodes phares des scénarios : la foresterie et la BECSC.

La première nécessite de vastes étendues pour l'afforestation et la reforestation, espaces qui se ferment alors à d'autres usages. Les régions tropicales possèdent un potentiel de capture supérieur à celui des zones boréales, ce qui explique qu'un déploiement massif dans ces régions soit privilégié par nombre de scénarios. Cependant, elles abritent des populations vulnérables dont la sécurité alimentaire dépend de l'accès aux terres, que cela soit pour l'agriculture ou l'élevage. Dès lors, une intervention d'ampleur mettra en danger les ODD 1 (pas de pauvreté) et 2 (faim « zéro »). Ces populations pourraient donc être contraintes à supporter l'essentiel du fardeau de stratégies bénéfiques à l'ensemble de l'humanité.

De manière comparable, la BECSC requiert des surfaces considérables pour les cultures énergétiques. Le recours aux résidus du secteur forestier pourrait modérer de tels besoins, mais au prix de niveaux moindres de génération d'énergie et de capture du CO_2. À grande échelle, l'approvisionnement en cultures énergétiques créera des tensions, quant à l'usage des sols, avec d'autres cultures, des pâturages, des forêts et des écosystèmes préexistants comme mentionné au chapitre II. À nouveau, du fait de leur dépendance à la terre, les populations démunies seront particulièrement exposées, d'autant plus si les pays industrialisés externalisent les cultures énergétiques dans ces régions. En outre, d'énormes quantités d'eau pour l'irrigation et d'engrais seront nécessaires. Les produits phytosanitaires contamineront les sols, les nappes phréatiques et les habitats naturels. La réalisation des ODD 1, 2, 6 (eau propre et assainissement), 14 (vie aquatique), et 15 (vie terrestre) sera menacée. Des dilemmes se présenteront donc. Les intérêts des agriculteurs, des éleveurs, et des écosystèmes devront être mis en balance avec l'approvisionnement en biomasse. En outre, la pression sur les ressources étant une fonction du montant de GES à extraire, plus l'humanité tarde à atteindre la neutralité carbone, plus ces dilemmes seront intenses.

D'autres conséquences négatives pourraient affecter de manière disproportionnée certaines communautés.

La météorisation terrestre et marine ainsi que la fertilisation des océans sont susceptibles de polluer les milieux naturels, par exemple avec des résidus industriels, des efflorescences algales toxiques ou l'acidification des eaux de surface. La sécurité alimentaire de groupes dont la survie dépend d'activités de pêche serait compromise. Néanmoins, ces méthodes peuvent aussi se révéler bénéfiques localement. La fertilisation pourrait stimuler la reproduction d'espèces importantes pour l'économie régionale telles les populations de saumons sur la côte ouest du Canada. Toutefois, les preuves scientifiques manquent et sont difficiles à obtenir.

Enfin, les techniques industrielles (CSC, BECSC et CDAS) emploient des procédés chimiques polluants, en particulier durant le traitement du CO_2 par les amines (émanations d'ammoniac). De plus, elles s'appuient sur le stockage géologique du CO_2. Du fait de la menace faible, mais non triviale, de fuites mortelles, le choix des sites de séquestration attisera les tensions avec les résidents. Face à de possibles contentieux, les autorités seront tentées d'opter pour des régions isolées, démunies ou dont les populations sont peu organisées. Le danger est réel, comme le démontre la concentration des industries polluantes dans les territoires pauvres, aggravant des inégalités préexistantes, avant tout dans le domaine de la santé. Le risque d'empilement des désavantages met en évidence l'importance des contraintes procédurales afin de garantir que les voix des habitants de ces régions soient entendues.

3. **Les conséquences de la gestion du rayonnement solaire.** – La GRS est tout aussi encline aux effets disparates, lesquels tiennent plus aux conséquences de

l'intervention qu'aux modalités de son déploiement. La principale préoccupation réside dans l'émergence de nouveaux climats dont certains seront plus néfastes pour les populations qui y seront soumises, et cela pour des gains concentrés dans d'autres régions. Dans le cas de l'IAS, la modulation des injections pourrait modérer ces effets. Au lieu d'être menées tout au long de l'année à l'échelle planétaire, elles pourraient être saisonnières et ciblées sur des espaces tel l'Arctique.

D'autres impacts asymétriques sont envisageables. En fonction du type d'aérosols utilisé, les méthodes troposphériques et stratosphériques pourraient causer des retombées de contaminants géographiquement concentrées. Le recours aux sulfates pour l'IAS conduira à une recrudescence de pluies acides sur des zones auparavant préservées. La possibilité de minimiser ces dommages par des protocoles modifiés d'intervention incite des scientifiques à défendre une réorientation des projets de recherche. Par exemple, Douglas G. MacMartin et Ben Kravitz considèrent que les études, en particulier portant sur l'IAS, devraient offrir aux décideurs politiques des procédures claires. L'urgence de la situation climatique imposerait d'abandonner la pure curiosité intellectuelle, c'est-à-dire la recherche menée pour elle même, en faveur de programmes de « mission », c'est-à-dire visant à préciser des questions concrètes de déploiement (pollution, nouveaux climats, perturbations hydrologiques, etc.). Une telle inflexion pourrait néanmoins créer des problèmes d'indépendance de la recherche.

L'argument de la protection des plus démunis est souvent avancé pour justifier des projets de recherche plus ambitieux et orientés, surtout à l'égard de l'IAS.

Ces derniers permettraient d'identifier de potentielles menaces suffisamment en avance pour développer des réponses appropriées. Il est important de noter que les effets disparates ne seront pas forcément défavorables aux groupes socioéconomiques les plus vulnérables. En guise d'illustration, la dispersion d'aérosols au-dessus des pôles et du Groenland pourrait ralentir la montée des océans en préservant la cryosphère. Les principaux bénéficiaires en seront les résidents des zones côtières et des îles basses dont certains comptent parmi les populations les plus pauvres ou les plus exposées aux risques climatiques (sous-continent indien, Afrique, archipels du Pacifique, etc.).

Quoi qu'il en soit, la raison pour laquelle le fardeau de la manipulation du climat paraît s'accumuler sur des groupes défavorisés tient à une concentration de certains effets certes, mais aussi à des capacités d'adaptation moindres. Ces groupes souffriront plus non du seul fait du hasard, mais parce qu'ils possèdent des moyens limités pour s'ajuster à un environnement dégradé. Par exemple, ils ont moins de ressources à investir dans des barrières anti-inondation, des cultures plus résistantes aux pestes, aux chaleurs, et au stress hydrique. Tout comme le changement climatique, l'ingénierie agira comme un puissant révélateur d'inégalités préexistantes et en accentuera nombre d'entre elles. Cet effet d'amplification rappelle l'importance d'institutions de gouvernance et de mécanismes de redistribution du risque climatique à l'échelle nationale et internationale. Cela soulève aussi la nécessité d'impliquer les populations vulnérables dans la prise de décision.

II. – La justice procédurale

Le caractère plus ou moins juste, et donc acceptable, des stratégies d'ingénierie du climat ne dépendra pas de leurs seuls attributs (re)distributifs. Elle dépendra aussi de la façon dont la recherche, le développement et le déploiement sont menés. Si ces décisions apparaissent comme arbitraires, préparées sans consultation, elles engendreront de vives oppositions publiques rendant toute utilisation difficile, à l'image du précédent des organismes génétiquement modifiés. Des projets de recherche ont déjà été annulés sous la pression populaire. Mené par l'université d'Harvard, SCoPEx a été abandonné en mars 2024 à la suite de critiques, notamment de la part des Samis, peuple autochtone du Nord de la Scandinavie. Les différentes parties prenantes doivent donc être impliquées dans les décisions relatives aux ingénieries du climat.

1. **L'idéal procédural.** – Le philosophe Daniel Edward Callies propose que l'implication du public se base sur des conditions équitables d'inclusion et de participation. Tout d'abord, il est nécessaire de déterminer qui doit prendre part aux décisions relatives à la recherche, au développement ou au déploiement de méthodes données. L'idée est répandue que, pour être acceptable, une décision doit recevoir, d'une manière ou d'une autre, l'assentiment des parties dont les intérêts sont impactés. Le principe de tous les intérêts affectés (*all affected interests principle*) traduit un tel idéal normatif, c'est-à-dire un but qui pourrait ne jamais être atteint, mais qui malgré tout doit informer nos

jugements et nos actions. Ensuite, il faut déterminer des conditions justes de participation liées à la manière dont les parties contribuent au processus. Divers arrangements sont envisageables, allant d'une simple consultation des populations concernées dont les résultats seraient non contraignants jusqu'à une gouvernance multipartite transformant les parties prenantes en codécideurs.

Trois raisons justifient l'importance des enjeux procéduraux. En premier lieu, en démocratie, la source de la légitimité tant des institutions que des décisions politiques est le consentement populaire. Les citoyens doivent accepter ou, tout le moins, être interrogés quand leurs intérêts fondamentaux sont en jeu. Tous les pays ne sont certes pas démocratiques, mais la force morale de l'injonction demeure. Des auteurs avancent des contraintes plus profondes que celle de collecter l'accord des populations. La participation des différentes parties devrait se faire dans le respect de leur identité. Les procédures deviendraient ainsi les vecteurs d'un idéal plus ambitieux, celui de la reconnaissance, en vertu duquel ignorer ou négliger la culture de ses interlocuteurs représente une injustice en soi. Cette exigence s'imposerait tout particulièrement à l'égard de victimes d'inégalités passées, à l'instar des peuples autochtones et anciennement colonisés. L'implication est de valoriser des aspects comme l'histoire orale, les mythes en particulier ceux qui sont liés au territoire, et de prendre en compte les différences de nature culturelle ou identitaire.

En second lieu, favoriser la participation permet de diversifier les perspectives lors du processus décisionnaire, ce qui *in fine* l'enrichirait. En guise d'illustration,

Duncan McLaren critique la domination des chercheurs issus des pays industrialisés dans le champ de l'IAS. La sous-représentation des habitants du Sud au sein des conférences, études scientifiques et enquêtes d'opinion fait en sorte que leurs intérêts ne sont pas reflétés de manière adéquate par les modèles climatiques. Il en résulte une vision étriquée des effets de l'IAS et des nouveaux climats. Concrètement, les modèles accordent trop de poids à deux variables (les températures et les précipitations) au détriment d'autres dimensions, tels les courants marins.

En dernier lieu, diversifier les parties prenantes renforcerait la légitimité des décisions et minimiserait l'opposition sociale. Des projets de recherche ont tenté d'inclure des mécanismes participatifs. Lancé en 2010 au Royaume-Uni, le projet *Stratospheric Particle Injection for Climate Engineering* (SPICE) en est un exemple. Toutefois, en dépit de consultations publiques sur l'acceptabilité de l'IAS, SPICE a été la cible de vives critiques qui ont conduit à l'annulation de tests en plein air pourtant sans danger. Par conséquent, des schémas participatifs peuvent ne pas avoir d'effet notable sur la légitimité. Entre autres, cela dépend de la manière dont la participation est organisée ainsi que des connaissances que les parties prenantes ont des méthodes discutées. Des individus peu ou mal informés seront plus exposés à des tentatives de manipulation qui, *in fine*, dégraderont la qualité du processus, aspect mis en lumière par les enquêtes d'opinion.

2. **Les perceptions publiques.** – Les enquêtes d'opinion sont des outils utiles pour cerner les croyances et attitudes de divers groupes à l'égard des ingénieries

du climat. Pourtant, elles restent occasionnelles et cantonnées aux pays occidentaux. Le tableau global des perceptions publiques demeure donc parcellaire. Lorsque les habitants du Sud sont interrogés, les résultats peuvent surprendre. Par exemple, il apparaît que l'opposition à l'IAS, et à l'ingénierie solaire de manière générale, est moindre dans certaines régions d'Asie que dans les pays occidentaux. De telles découvertes justifient d'élargir les études à des populations peu sondées jusqu'à présent.

Sans entrer dans les détails, un bref survol de la littérature permet de dégager quelques points saillants. Le plus fondamental réside dans la faible familiarité des répondants à l'égard de l'ingénierie du climat en tant que telle, mais aussi à l'encontre de la diversité des interventions et de leur contenu. Afin d'être capables de prendre part aux enquêtes, les personnes interrogées doivent par conséquent suivre une rapide séance d'information susceptible d'engendrer des effets psychologiques dits de « cadrage ». Les perceptions sont alors influencées par la manière dont les méthodes sont présentées par les chercheurs et peuvent ainsi être infléchies dans un sens ou un autre. Par exemple, comparer la CDAS à des arbres artificiels génère une appréciation plus favorable que des descriptions mettant de l'avant les éléments industriels. Le danger est de fausser l'engagement du public et donc de violer l'idéal procédural. La rectification ultérieure de conceptions erronées pourrait se révéler compliquée. Il s'agit d'une problématique centrale en éthique de la recherche. En outre, les méthodes d'EDC sont en général évaluées plus positivement, ou moins négativement, que celles de GRS, ces dernières ne s'attaquant pas à l'origine du changement climatique. En outre, les technologies perçues comme étant « naturelles », à l'instar de la foresterie, sont jaugées de façon plus favorable que celles « artificielles », telles la BECSC et la CDAS. De manière générale, le public attache une grande importance à la maîtrise des risques, à la prédictibilité des effets et à la sécurité de l'intervention. Enfin, les phases de recherche et de déploiement sont en général distinguées par les participants aux enquêtes, la première étant mieux acceptée que la seconde.

III. – La justice intergénérationnelle

Les générations futures sont à la merci des décisions prises par celles qui les ont précédées. Tout d'abord, elles sont exposées à l'insuffisance de la mitigation. L'accumulation atmosphérique des GES exercera une influence néfaste pendant une longue période, s'étalant sur plusieurs siècles voire millénaires. En prolongeant l'usage des énergies fossiles, les générations présentes transfèrent donc dans le futur la charge de leur train de vie. Il peut cependant être objecté que ces énergies sont consommées pour développer des technologies et des institutions qui seront à la disposition des générations à venir. Donc une portion des émissions représente une transmission moins des coûts que de conditions favorables au progrès socioéconomique. Une part des montants investis peut même être vouée à contrecarrer ou inverser l'Anthropocène dans le futur, à l'instar des énergies décarbonées, des mesures d'adaptation et des ingénieries du climat. Cela dit, la passation d'un tel capital est loin d'être assurée. Celui-ci peut être partiellement ou totalement détruit par des crises économiques ou des catastrophes écologiques. Au demeurant, le fait d'investir dans le futur ici et maintenant n'exclut pas une transition aussi rapide que possible vers les énergies vertes. En soi, il ne justifie pas la libération massive de GES.

À l'externalisation des coûts des énergies fossiles s'ajoutent ceux de la modification du climat. Les générations à venir pourraient être captives des énergies fossiles ou de méthodes dangereuses du fait de choix passés. Si le déploiement continu de l'EDC ne constitue pas une tragédie en soi, son intensité peut représenter un sérieux handicap. Les décisions des générations successives de poursuivre les émissions de GES déterminent au bout du compte le fardeau de l'EDC supporté par les futures générations, c'est-à-dire les coûts et les risques. Et celui-ci pourrait être très lourd. L'enfermement dans l'ingénierie solaire, en particulier stratosphérique et spatiale, incarne un transfert de responsabilité autrement plus problématique. Un climat hors de contrôle pourrait présenter un dilemme existentiel. Le choix pourrait être entre modifier l'albédo et créer de nouveaux climats sous la menace constante d'un choc d'interruption, ou s'abstenir et accepter une vie précaire émaillée de désastres. En outre, toute décision de déployer, par exemple, l'IAS pourrait contraindre l'humanité à poursuivre l'intervention afin d'éviter une catastrophe planétaire. Plus un tel déploiement se prolonge, plus les dommages d'un arrêt soudain seront importants, renforçant le verrouillage.

Comme brièvement mentionné au chapitre précédent, Gardiner voit dans ces transferts un problème plus profond. Les générations futures sont victimes de la corruption morale des générations qui les ont devancées. Pour diverses raisons, ces dernières résistent aux mesures nécessaires pour modérer, stopper ou renverser le changement climatique. Pire, elles sont prêtes à parier sur des techniques qui pourraient se révéler inaptes (EDC) ou dangereuses (GRS) afin de ne pas assumer leurs responsabilités. En d'autres termes, elles exploitent leur situation temporelle à leur avantage.

Dans ces conditions, la justice intergénérationnelle requiert d'intégrer les intérêts des générations futures dans les décisions actuelles. Le contenu exact de ces intérêts demeure flou, mais certains éléments peuvent être devinés. Les générations à venir ne souhaiteront pas être placées dans une position où elles devront se résoudre à initier ou poursuivre l'emploi d'une méthode qu'elles jugent inéquitable, trop incertaine ou les deux. Selon toute vraisemblance, elles préféreront gérer des interventions efficaces et peu risquées. Dès lors, l'obligation des gouvernements actuels, outre d'éliminer rapidement les émissions dans le respect du développement durable, est d'accumuler des données sur les différentes techniques par l'entremise de protocoles stricts de recherche. Il s'agit aussi d'identifier les technologies les plus prometteuses et les moins dangereuses afin d'y concentrer les investissements. La CDAS pourrait être l'une d'elles, car contrairement à la BECSC, la météorisation augmentée ou la fertilisation des océans, ses besoins en ressources naturelles sont restreints. De manière générale, les États ont la responsabilité de mettre en place des politiques hybrides combinant des mesures de mitigation, adaptation, EDC, et GRS. À nouveau, cela implique d'étudier les effets croisés potentiels entre méthodes. Une telle diversification remplit la fonction d'une quasi-assurance. Les stratégies du climat seront alors moins dépendantes du succès d'un instrument donné et les générations futures bénéficieront d'une gamme d'options plus large.

IV. – L'éthique environnementale

Le quatrième type d'enjeu touche aux écosystèmes et aux êtres vivants non humains. Il relève de l'éthique environnementale (à laquelle l'éthique animale appartient) qui porte sur les relations que les êtres humains doivent entretenir avec le reste du vivant, incluant animaux, plantes et écosystèmes. Elle a trait aux devoirs moraux qui pèsent sur les premiers dans le cadre de l'Anthropocène, c'est-à-dire d'un monde physique modelé par les activités anthropiques. Les conséquences de cette influence sont tragiques. Les disparitions d'espèces s'intensifient, au point de représenter ce que Richard Leakey et Roger Lewin ont nommé la « sixième extinction ». Les causes en sont la surexploitation des ressources, la destruction des habitats naturels et la pollution de grande ampleur, avec un rôle prépondérant joué par le changement climatique. Ce dernier s'inscrit donc au sein d'un gigantesque mouvement de détérioration du vivant avec de vastes douleurs pour les espèces animales.

En dépit de telles répercussions, une vision anthropocentrique, faisant des intérêts humains l'ultime source de valeur, domine les discussions. Son défaut est toutefois de sous-estimer l'importance morale de l'impact anthropique sur l'environnement. Au sein des politiques du climat, le vivant est relégué à la marge. L'évaluation des dégâts environnementaux et souffrances animales passe par deux outils majeurs. Le premier recourt à l'utilité économique des services rendus par les écosystèmes aux êtres humains, comme la pollinisation des cultures par les abeilles. Dès lors, les dégâts représenteront les coûts de remplacement des fonctions profitables aux humains qui ne sont plus remplies. Le second est la disposition à payer, par exemple pour préserver des espaces vierges ou des espèces rares. La valeur des ravages environnementaux correspond alors à la somme que les individus sont prêts à payer. Ces instruments ne sont pas mauvais en soi aussi longtemps qu'ils ne forment pas le principal voire l'unique filtre au travers duquel l'impact anthropique est appréhendé.

En fin de compte, l'humanité doit assumer la responsabilité de l'Anthropocène. La première étape est de réaliser que ses choix en matière d'ingénierie du climat influenceront de façon profonde, et parfois irréversible, le vivant. Des écosystèmes seront détériorés, voire détruits, du fait par exemple de l'épandage de silicates ou de fer sur les océans ou de cultures énergétiques à large échelle. D'autres écosystèmes apparaîtront. De manière plus brutale, un choc d'interruption s'accompagnera de ravages inimaginables pour de nombreuses espèces qui n'auront pas le temps de s'adapter. Même en l'absence d'un tel choc, la diminution rapide des températures ainsi que l'émergence de nouveaux climats causés par la GRS présentent des défis environnementaux majeurs. Plus que reconnaître ces effets, l'enjeu est d'octroyer aux intérêts non anthropiques un poids adéquat dans les décisions humaines, c'est-à-dire qui reflète les dommages et souffrances subis par les êtres non humains. Pareille prise en compte complexifie les stratégies climatiques. Elle demeure d'ailleurs une question dont les modalités restent ouvertes, mais elle traduit la responsabilité primordiale découlant de l'Anthropocène.

V. – La gouvernance

La dernière catégorie d'enjeux concerne la gestion des ingénieries du climat, c'est-à-dire leur gouvernance. Le concept réfère aux savoirs, compétences et structures permettant de contrôler et d'orienter la modification du climat. Il se fonde sur des textes normatifs (lois, traités, rapports scientifiques ou énoncés de politiques publiques) et des institutions (entreprises privées, groupes de pression, universités, gouvernements ou organisations internationales). Il renvoie à des processus dynamiques, complexes, impliquant un écheveau d'acteurs et de principes dont la surface est à peine effleurée ici.

1. **La « gouvernance par défaut ».** – La caractéristique fondamentale de la gouvernance des ingénieries du climat tient dans son insuffisance. Aucun traité international ne s'attelle de manière directe à réglementer la recherche ou l'emploi de ces méthodes. Le champ normatif n'est cependant pas vide. Des textes peuvent être utilisés pour encadrer certaines interventions, à l'image des conventions ENMOD et de Londres ou le traité sur l'espace, mais aucun n'a été conçu dans ce but précis. Le droit international coutumier s'applique également, par exemple au travers du principe de prévention des dommages environnementaux transfrontaliers. Mais ce

droit dit « mou » possède une force juridique moindre que les traités. En outre, la gouvernance souffre d'un déficit d'institutions chargées de surveiller et de coordonner la modification du climat, même si certaines se sont penchées sur la question telle la Convention sur la diversité biologique. La CCNUCC pourrait assumer ce rôle, mais elle est tributaire de la volonté des États et de leurs intérêts particuliers. Dans une large mesure, ces carences institutionnelles et réglementaires se retrouvent dans les situations nationales.

Menée par les chercheurs et les sociétés savantes, une gouvernance « *de facto* » ou « par défaut » s'est donc dessinée en creux. Le manque de direction et de repères de la part des instances politiques et organisations internationales a poussé les scientifiques à forger leurs propres normes. Formulés en 2013 par Steve Rayner et ses coauteurs, les principes d'Oxford en offrent le principal exemple. D'autres initiatives incluent les recommandations de la conférence Asilomar (2010), les principes de Tollgate (2018), élaboration critique de ceux d'Oxford, ou encore le *Code of Conduct for Responsible Geoengineering Research* (2021) proposé par Anna-Maria Hubert.

Encadré 3. – **Les Principes d'Oxford**[1]

Principe 1 : La géoingénierie régulée comme un bien public

Alors que l'implication du secteur privé dans la fourniture d'une technique de géoingénierie ne doit pas être prohibée, et pourrait même être encouragée pour garantir

1. Nous traduisons.

que le déploiement d'une technique appropriée puisse être mené d'une manière prompte et efficace, la régulation de telles techniques doit être entreprise dans l'intérêt public par les organismes appropriés au niveau étatique et ou international.

Principe 2 : La participation publique dans la prise de décision en géoingénierie
Lorsque c'est possible, les personnes chargées de la recherche en géoingénierie doivent informer, consulter, et idéalement obtenir au préalable le consentement libre et éclairé des personnes affectées par les activités de recherche. L'identité des parties affectées dépendra de la technique spécifique qui est recherchée – par exemple, une technique qui capture le dioxyde de carbone depuis l'air et qui le séquestre géologiquement à l'intérieur du territoire d'un État imposera probablement une consultation et un accord au seul niveau national ou local, tandis qu'une technique qui implique de changer l'albédo de la planète en injectant des aérosols dans la stratosphère demandera probablement un accord global.

Principe 3 : La divulgation de la recherche en géoingénierie et la publication ouverte des résultats
La divulgation des plans de recherche doit être complète et la publication des résultats doit être libre d'accès afin de faciliter une meilleure compréhension des risques et rassurer le public quant à l'intégrité du processus. Il est essentiel que les résultats de toute la recherche, incluant ceux négatifs, soient rendus publiquement accessibles.

Principe 4 : L'étude indépendante des impacts
Une étude d'impact de la recherche en géoingénierie doit être conduite par un organisme indépendant de ceux chargés de la recherche ; quand les techniques sont susceptibles de produire un impact transfrontalier, une telle évaluation doit être réalisée par les organes régionaux et internationaux appropriés. Les études doivent aborder les

impacts à la fois environnementaux et socioéconomiques de la recherche, incluant la modération des risques de verrouillage dans des technologies particulières ou intérêts particuliers.

Principe 5 : La gouvernance avant le déploiement
Toute décision liée au déploiement doit être uniquement prise avec des structures robustes de gouvernance en place, en utilisant les règles et institutions existantes quand c'est possible.

Les principes d'Oxford soulèvent des thèmes essentiels parmi lesquels figurent la poursuite du bien public, l'importance des enjeux procéduraux, le contrôle indépendant de la recherche, le libre accès aux résultats des études scientifiques, et le caractère urgent de la régulation. Ils rencontrent néanmoins des limites. Les dimensions redistributives et intergénérationnelles ne sont pas mentionnées tandis que la justice environnementale est à peine abordée. Le bien public n'est pas défini alors qu'il s'agit d'un concept soumis à débats et interprétations. De leur côté, Stephen Gardiner et Augustin Fragnière estiment que les principes sont trop superficiels et ne détaillent pas suffisamment les fondations et implications morales de la gouvernance. En réponse, ils proposent les principes de Tollgate. Il est toujours possible de considérer que l'initiative d'Oxford pourrait être plus complète ou substantielle. Malgré tout, sa vertu tient moins dans son contenu que dans le fait qu'elle amorce la discussion sur la gouvernance et invite des réflexions plus poussées.

À bien des égards, l'autorégulation est une solution insatisfaisante. Au-delà du risque de capture techno-scientifique, le sujet est trop grave pour être laissé aux seuls soins des chercheurs, aussi intègres soient-ils. L'élaboration des ingénieries du climat doit être soumise à un contrôle démocratique sous l'égide d'institutions perçues comme légitimes. L'exigence est amplifiée par l'étendue et la profondeur des enjeux de justice. De plus, l'implication accrue des autorités politiques faciliterait la transition d'études mues par la curiosité vers des programmes plus pragmatiques, guidés par l'impératif de contribuer aux politiques publiques. *In fine*, les ingénieries du climat sont des outils dont la fonction est de soutenir des stratégies qui doivent être déterminées par des autorités légitimes.

2. **Une coopération internationale nécessaire.** – La modification du climat n'est plus hypothétique. Elle est déjà à l'œuvre. Des politiques composées de mitigation, adaptation, EDC et GRS doivent être coordonnées entre États. De telles stratégies hybrides sont complexes à mettre en place et à évaluer. Les différents éléments doivent être agencés afin de se renforcer, et non de se neutraliser. Par exemple, l'IAS rendra la lumière plus diffuse et donc perturbera la photosynthèse, ce qui pourrait réduire l'efficacité de la foresterie ou de la BECSC. De manière plus urgente, la question de la suspension ou de l'interdiction de certaines méthodes se pose d'ores et déjà. Cependant, la régulation précoce, antérieure à la phase de déploiement, telle qu'énoncée par le cinquième principe d'Oxford, est largement opposée. Les critiques considèrent qu'elle légitime de façon plus ou moins implicite la logique même de modifier le climat. La crainte est que la mise en place d'une gouvernance formelle amorce une pente

glissante conditionnant l'acceptation d'interventions controversées. Nonobstant ces risques, la gouvernance reste indispensable pour bloquer l'avancement de ces dernières.

La menace d'un glissement explique en partie la gouvernance *de facto*. Les autorités politiques demeurent attentistes pour plusieurs raisons. L'une d'elles est de ne pas créer de tensions ou de panique, tout en se défaussant de la responsabilité d'élaborer des normes sur celles et ceux qui y comprennent quelque chose : les chercheurs. L'effet est également dissuasif sur la coopération internationale puisqu'aucun gouvernement ne veut paraître briser le tabou de la manipulation du climat et ouvrir la boîte de Pandore. D'autres facteurs obèrent la coopération. À l'instar des efforts de mitigation, les États sont tentés de laisser à d'autres le soin d'extraire le CO_2. Le manque d'implication des institutions publiques, qui pourraient soutenir de manière plus substantielle l'EDC sur les plans financier et réglementaire, accroît le risque d'un dépassement du budget carbone et donc d'une « perturbation anthropique dangereuse du système climatique » (CCNUCC). La GRS suscite des difficultés autres et, dans une certaine mesure, plus existentielles. En vertu du phénomène du conducteur solitaire, l'IAS ne requiert pas de coordination interétatique. Dès lors, l'attentisme des autorités nationales et internationales quant à des structures de gouvernance joue en faveur d'une prolifération incontrôlée de cette technologie dans le futur.

Deux exemples illustrent la nécessité d'une coopération *a minima*. Tout d'abord, un des principaux arguments en faveur de la recherche, en particulier pour l'IAS, est la perspective d'un déploiement d'urgence. Le spectre d'une catastrophe globale imminente pourrait justifier d'amorcer un refroidissement rapide. Du fait de son accessibilité, l'IAS est le candidat idéal. Cependant, qui décidera d'initier la dispersion d'aérosols et dans quelles quantités ? En vertu de quelle définition de la « catastrophe globale imminente » ? Comment garantir que les États dotés de capacités d'ingénierie ne se lancent pas dans des interventions mutuellement incompatibles, menant à une escalade de contre-mesures, voire à des conflits ? En laissant de côté le déploiement d'urgence, les dispositifs de GRS troposphériques, stratosphériques et spatiales devront être gérés sinon de façon conjointe, tout le moins avec un minimum de coordination, afin de limiter les dégâts et préjudices.

Ensuite, la GRS hors interventions de surface créera des effets disparates. Dans l'immédiat, de nombreux effets ne pourront pas être distingués du « bruit de fond » formé par les conséquences de l'Anthropocène ou de la variabilité « naturelle » du climat. Dit autrement, il sera difficile d'attribuer avec un degré suffisant de confiance lesdits effets à la modification du climat. Dans ce contexte, la mutualisation internationale des risques offre un outil de gouvernance. Elle pourrait prendre la forme d'un système assurantiel global qui compenserait les populations en cas d'événements climatiques néfastes, quelle qu'en soit l'origine : ingénierie, Anthropocène, variabilité naturelle. Pareil mécanisme permettrait d'éviter la tâche dantesque consistant à imputer des conditions ou catastrophes données aux ingénieries. De plus, il représenterait un instrument formidable pour renforcer l'adaptation au changement climatique, notamment parmi les groupes les plus démunis. De même, un tel fonds pourrait servir à dédommager les communautés qui supporteront le fardeau de la mise en œuvre de l'EDC. Il pourrait être employé pour financer des mesures de protection et de réhabilitation de l'environnement. En somme, la mutualisation des risques est une des voies ouvertes à l'humanité pour prendre la pleine responsabilité de l'Anthropocène.

Conclusion

Dès les premières pages, ce Que sais-je ? s'est attaché à replacer la thématique de la modification volontaire du climat dans le contexte de l'Anthropocène. L'argument a été avancé que les ingénieries du climat, c'est-à-dire les interventions dans le système climatique qui visent à altérer le forçage radiatif local ou global afin de ralentir, stopper, ou inverser le changement climatique et ou des événements néfastes qui en découlent, n'introduisaient pas de rupture radicale avec le changement climatique en cours. Une telle présentation peut être critiquée. Mais il est indéniable que l'humanité suit depuis deux siècles une trajectoire de développement fondée sur l'émission de larges quantités de GES. Ce faisant, elle se livre à une entreprise planétaire de modification du climat et de l'environnement.

L'humanité fait donc face à la nécessité d'assumer la responsabilité de l'Anthropocène. Le premier pas est de réaliser l'étendue et la magnitude d'une telle influence. Le second est d'abandonner la posture attentiste à l'égard de la mitigation et des ingénieries du climat. La réticence à ouvrir la boîte de Pandore est compréhensible, mais celle-ci a déjà été plus qu'entrouverte lors de la révolution industrielle. La question ne consiste plus à décider si l'altération du climat est acceptable ou envisageable. Une telle altération a déjà cours. À l'Anthropocène s'ajoutent les mesures d'EDC déployées ou programmées et la GRS de surface. La question fondamentale est désormais de déterminer *de quelle manière*, *dans quel but* et *au bénéfice de qui* le climat peut être modifié. En d'autres termes, quel est le contenu de cette fameuse responsabilité à l'égard de l'Anthropocène ? La tâche d'en délimiter les contours est immense, mais cruciale. Elle doit faire l'objet d'une coopération plus poussée et efficace entre États. En cela, elle accentue les obstacles rencontrés par la politique internationale du climat depuis la conférence de Rio (1992).

La géoingénierie ajoute une couche de complexité à un moment inopportun marqué par des regains de tensions dignes de la guerre froide. De plus, une forte défiance populaire se fait jour à l'égard de la science, du politique et des institutions publiques en général. Climatoscepticisme et populisme font recette. Nombre de partis et gouvernements minorent l'Anthropocène, allant jusqu'à entraver la mitigation. Cette défiance requiert de prêter attention à la qualité de l'information diffusée par les médias grand public. L'impératif est d'autant plus pressant que les populations restent peu familières avec le sujet. De fausses nouvelles et théories du complot circulent déjà, à l'image de l'assimilation de l'IAS aux chemtrails. En outre, la diversité des méthodes est trop souvent négligée, la géoingénierie faisant l'objet d'une adhésion ou d'un rejet en bloc, sans nuance. Une pareille indistinction compromet l'efficacité des stratégies du climat en ce qu'elle conduit à accepter des interventions qui ne devraient pas l'être et, au contraire, à s'opposer à des instruments légitimes. La défiance à l'égard des experts, décideurs et institutions impose également de prendre très au sérieux les craintes de capture. Pour ce faire, l'ensemble de la filière, de la recherche jusqu'au déploiement, doit être sensible aux préoccupations publiques, ce qui pose des exigences d'inclusion et de participation.

Dans ce contexte, les pages précédentes offrent quelques pistes pour penser ce qui est communément nommé « géoingénierie ». Elles s'efforcent de fournir aux citoyennes et citoyens des balises pour naviguer au sein de sujets complexes. L'enjeu est vital si l'on considère la nécessité de mettre en place des stratégies nationales d'EDC et de GRS. La manière dont de tels débats seront conduits (ou pas) influencera les politiques du climat pour les décennies, voire les siècles, à venir. Cela dit, le texte a des limites. Il ne fait qu'effleurer la surface d'une multitude de questions techniques, légales, sociales et éthiques. Sa vocation n'est toutefois pas de présenter une analyse définitive, mais plutôt d'inviter à un dépassement par des études en langue française plus fournies et accessibles au plus grand nombre. En effet, le sujet doit s'extirper des cercles scientifiques, notamment anglo-saxons. La mission de ce livre aura été remplie le jour où son contenu aura été rendu obsolète.

ACRONYMES

BECSC : Bioénergie avec capture et stockage du carbone
CCNUCC : Convention-cadre des Nations unies sur les changements climatiques
CDAS : Capture directe dans l'air et séquestration
CSC : Capture et séquestration du carbone
EDC : extraction du dioxyde de carbone
GES : Gaz à effet de serre
GIEC : Groupe d'experts intergouvernemental sur l'évolution du climat
GRS : Gestion du rayonnement solaire
IAS : Injection d'aérosols dans la stratosphère
NETs : Negative emissions technologies
ODD : Objectifs de développement durable
SCoPEx : Stratospheric Controlled Perturbation Experiment
SDV : Surveillance, déclaration et vérification
SPICE : Stratospheric Particle Injection for Climate Engineering

BIBLIOGRAPHIE

Barry R.G., Chorley R.J., *Atmosphere, Weather and Climate*, Londres et New York, Routledge, 2010 (9e éd.).

Baylin-Stern A., Berghout N., « Is carbon capture too expensive ? », International Energy Agency, 17 février 2021, www.iea.org/commentaries/is-carbon-capture-too-expensive.

Beerling D.J. *et alii*, « Potential for large-scale CO_2 removal via enhanced rock weathering with croplands », *Nature*, vol. 583, 2020, p. 242-248.

Callies D.E., *Climate engineering : A normative perspective*, Londres et Lanham, Lexington Books, 2019.

Crutzen P.J., « Albedo enhancement by stratospheric sulfur injections : A contribution to resolve a policy dilemma ? », *Climatic Change*, vol. 77, n° 3, 2006, p. 211-219.

EASAC, *Negative Emission Technologies : What Role in Meeting Paris Agreement Targets ?*, Brussels et Halle, EASAC, 2018.

Fuss S. *et alii*, « Negative emissions–Part 2 : Costs, potentials and side effects », *Environmental Research Letters*, vol. 13, n° 6, 2018.

Gardiner S.M., *A Perfect Moral Storm : The Ethical Tragedy of Climate Change*, New York, Oxford University Press, 2011.

Gardiner S.M., Fragnière A., « The Tollgate principles for the governance of geoengineering : Moving beyond the Oxford principles to an ethically more robust approach », *Ethics, Policy & Environment*, vol. 21, n° 2, 2018, p. 143-174.

Gupta A., Möller I., « De facto governance : How authoritative assessments construct climate engineering as an object of governance », *Environmental Politics*, vol. 28, n° 3, 2019, p. 480-501.

Hale B., « The world that would have been : Moral hazard arguments against geoengineering », in C.J. Preston (dir.), *Engineering the Climate : The Ethics of Solar Radiation Management*, Lahman, Lexington Books, 2012, p. 113-131.

Hamilton C., *Les Apprentis sorciers du climat. Raisons et déraisons de la géo-ingénierie*, Paris, Seuil, « Anthropocène », 2013.

Heyward C., « Situating and abandoning geoengineering : A typology of five responses to dangerous climate change », *Political Science & Politics*, vol. 46, n° 1, 2013, p. 23-27.

Hulme M., *Can Science Fix Climate Change ?*, Cambridge, Polity Press, « New human frontiers series », 2014.

Jamieson D., « Ethics and intentional climate change », *Climatic Change*, vol. 33, n° 3, 1996, p. 323-336.
Lewis S.L., Maslin M.A., *The Human Planet : How We Created the Anthropocene*, London, Pelican, 2018.
MacMartin D.G., Kravitz B., « Mission-driven research for stratospheric aerosol geoengineering », *Proceedings of the National Academy of Sciences of the United States of America*, vol 116, n° 4, 2019, p. 1089-1094.
McLaren D.P., « Whose climate and whose ethics ? Conceptions of justice in solar geoengineering modelling », *Energy Research & Social Science*, vol. 44, 2018, p. 209-221.
McKinnon C., « The panglossian politics of the geoclique », *Critical Review of International Social and Political Philosophy*, vol. 23, n° 5, 2020, p. 584-599.
National Research Council, *Climate Intervention : Carbon Dioxide Removal and Reliable Sequestration*, Washington, DC, The National Academies Press, 2015.
–, *Climate Intervention : Reflecting Sunlight to Cool Earth*, Washington, DC, The National Academies Press, 2015.
Parker A., Irvine P.J., « The risk of termination shock from solar geoengineering », *Earth's Future*, vol. 6, n° 3, 2018, p. 456-467.
Rayner S. *et alii*, « The Oxford principles », *Climatic Change*, vol. 121, n° 3, 2013, p. 499-512.
Shepherd J. *et alii*, *Geoengineering the Climate : Science, Governance and Uncertainty*, Londres, Royal Society, 2009.
Smith S.M. *et alii*, *The State of Carbon Dioxide Removal*, 2023 (1re éd.).
–, *The State of Carbon Dioxide Removal*, 2024 (2e éd.).
Smith W., « The cost of stratospheric aerosol injection through 2100 », *Environmental Research Letters*, vol. 15, n° 11, 2020.
Steel D., *Philosophy and the precautionary principle : Science, evidence, and environmental policy*, Cambridge, Cambridge University Press, 2015.
Sunstein C.R., *Laws of fear : Beyond the precautionay principle*, Cambridge, Cambridge University Press, 2005.
Talberg A. *et alii*, « Geoengineering governance-by-default : An earth system governance perspective », *International Environmental Agreements : Politics, Law and Economics*, vol. 18, n° 2, 2018, p. 229-253.
Wagner G., Weitzman M.L., « Playing God », *Foreign Policy*, 24 octobre, 2012.

TABLE DES MATIÈRES

Composition et mise en pages
Nord Compo à Villeneuve-d'Ascq

Imprimé en France
par la Nouvelle Imprimerie Laballery
rue Louis Blériot 58500 Clamecy
octobre 2024 - N° 408361

La Nouvelle Imprimerie Laballery est titulaire de la marque Imprim'Vert®